筑境

中国精致建筑100

1 建筑思想

风水与建筑
礼制与建筑
象征与建筑
龙文化与建筑

2 建筑元素

屋顶
门
窗
脊饰
斗栱
台基
中国传统家具
建筑琉璃
江南包袱彩画

3 宫殿建筑

北京故宫
沈阳故宫

4 礼制建筑

北京天坛
泰山岱庙
闾山北镇庙
东山关帝庙
文庙建筑
龙母祖庙
解州关帝庙
广州南海神庙
徽州祠堂

宗教建筑

普陀山佛寺
江陵三观
武当山道教宫观
九华山寺庙建筑
天龙山石窟
云冈石窟
青海同仁藏传佛教寺院
承德外八庙
朔州古刹崇福寺
大同华严寺
晋阳佛寺
北岳恒山与悬空寺
晋祠
云南傣族寺院与佛塔
佛塔与塔刹
青海瞿昙寺
千山寺观
藏传佛塔与寺庙建筑装饰
泉州开元寺
广州光孝寺
五台山佛光寺
五台山显通寺

古城镇

中国古城
宋城赣州
古城平遥
凤凰古城
古城常熟
古城泉州
越中建筑
蓬莱水城
明代沿海抗倭城堡
赵家堡
周庄
鼓浪屿
浙西南古镇廿八都

筑境

中国精致建筑100

藏传佛塔与寺庙建筑装饰

吴庆洲 撰文摄影

中国建筑工业出版社

出版说明

中国是一个地大物博、历史悠久的文明古国。自历史的脚步迈入新世纪大门以来，她越来越成为世人瞩目的焦点，正不断向世人绽放她历史上曾具有的魅力和光辉异彩。当代中国的经济腾飞、古代中国的文化瑰宝，都已成了世人热衷研究和深入了解的课题。

作为国家级科技出版单位——中国建筑工业出版社60年来始终以弘扬和传承中华民族优秀的建筑文化，推动和传播中国建筑技术进步与发展，向世界介绍和展示中国从古至今的建设成就为己任，并用行动践行着“弘扬中华文化，增强中华文化国际影响力”的使命。从20世纪80年代开始，中国建筑工业出版社就非常重视与海内外同仁进行建筑文化交流与合作，并策划、组织编撰、出版了一系列反映我中华传统建筑风貌的学术画册和学术著作，并在海内外产生了重大影响。

“中国精致建筑100”是中国建筑工业出版社与台湾锦绣出版事业股份有限公司策划，由中国建筑工业出版社组织国内百余位专家学者和摄影专家不惮繁杂，对遍布全国有历史意义的、有代表性的传统建筑进行认真考察和潜心研究，并按建筑思想、建筑元素、宫殿建筑、礼制建筑、宗教建筑、古城镇、古村落、民居建筑、陵墓建筑、园林建筑、书院与会馆等建筑专题与类别，历经数年系统科学地梳理、编撰而成。本套图书按专题分册，就其历史背景、建筑风格、建筑特征、建筑文化，结合精美图照和线图撰写。全套100册、文约200万字、图照6000余幅。

这套图书内容精练、文字通俗、图文并茂、设计考究，是适合海内外读者轻松阅读、便于携带的专业与文化并蓄的普及性读物。目的是让更多的热爱中华文化的人，更全面地欣赏和认识中国传统建筑特有的丰姿、独特的设计手法、精湛的建造技艺，及其绝妙的细部处理，并为世界建筑界记录下可资回味的建筑文化遗产，为海内外读者打开一扇建筑知识和艺术的大门。

这套图书将以中、英文两种文版推出，可供广大中外古建筑之研究者、爱好者、旅游者阅读和珍藏。

目录

藏传佛塔与寺庙建筑装饰

藏传佛教，俗称喇嘛教，主要在中国藏族地区形成和发展，并主要传播于中国的藏、蒙古、土家、裕固、纳西等族地区以及不丹、锡金、尼泊尔、蒙古人民共和国和原苏联的布里亚特等地，最近30年来，又在西方国家得到传播和发展。公元7世纪，佛教从中国汉地和印度传入西藏地区，经过长期与当地宗教的会通、融合，11世纪后形成宁玛派、噶当派、萨迦派、噶举派等主要宗派。15世纪初，宗喀巴创立格鲁派（黄教），发展迅速，到17世纪成为藏族社会占据支配地位的教派。藏传佛教在教义上把显教、密教结合起来，提倡显密兼学、显密兼修，而密宗为最高修习阶段。

图0-1 内蒙古呼和浩特慈灯寺金刚宝座塔
俗称五塔寺塔。建于清雍正年间（1727—1732年），由塔基、金刚座和顶部五座宝塔组成，为金刚宝座塔。金刚座高7.85米。座上五塔，中塔高8.7米，7层，余四塔为5层。

图0-2 云南昆明官渡金刚塔
又名穿心塔。建于明天顺二年（1458年），砖石结构。金刚座有四门，内十字贯通，可供人穿行，故名穿心塔。上有五座白塔。中塔高大，距地面高15米，十三相轮上有铜铸宝盖、塔刹。宝盖铸四天王立像，塔刹为小型窣堵坡。

图0-3 北京西黄寺清净化城塔
建于清乾隆四十七年（1782年），埋葬班禅额尔德尼六世的衣冠，名为清净化城塔。为金刚宝座塔，下为“亞”字形平面3米多高的塔台，上有五塔。主塔为有塔耳的喇嘛塔，高16米，余四座为高7米的经幢式塔。

图0-4 甘肃夏河拉卜楞寺贡唐宝塔
由第三世宝唐大师贡却·都丹贝仲美大师于1802—1804年创建，共有4层，塔体内为佛殿，塔基至塔顶高31.33米，后来，第五世贡唐大师嘉祥·丹贝尼玛大师将最上层金佛阁四周镶镏金八大菩萨立像。“文化大革命”中塔毁。1991年按原状重建，金碧辉煌，十分壮观。

藏传佛教建筑中尤以塔的形式千姿百态，异彩纷呈。以金刚宝座塔而论，上面五塔各不相同，呼和浩特慈灯寺金刚宝座塔的五塔为汉族楼阁式塔，而昆明官渡金刚塔的五塔均为喇嘛塔，北京西黄寺清净化城塔的五塔，主塔为喇嘛塔，四塔则为汉式幢式塔。一般的喇嘛塔也式样繁多，如甘肃夏河拉卜楞寺的贡唐宝塔，高大宏伟，金碧辉煌；西藏江孜白居寺十万佛塔，即吉祥多门塔，有13层，108门，仅首层就有佛殿20间，塔中有寺，誉为西藏塔王；内蒙古呼和浩特席力图召的白塔，雕工精丽，有金属双塔耳，造型很美；青海西宁塔尔寺天文塔，十三法轮肥硕，二层基座上每面各有二小塔，十分奇特。以上不过略举数例，使我们对藏传佛教建筑的多姿多彩，伟丽卓绝，可以略窥一斑。

图0-5 西藏江孜白居寺十万佛塔

白居寺吉祥多门塔建于明宣德二年（1427年）至明正统元年（1436年），塔高13层42.5米。仅首层即有20间佛殿，故有“塔中有寺”之称。全塔绘塑诸佛菩萨画像三万余身，不愧为“见闻解脱十万佛塔”的美誉。此塔被称为西藏塔王、十万佛塔。

图0-6 内蒙古呼和浩特席力图召双耳塔

塔在席力图召大经堂的东南隅，建于清代（1644—1911年），高约15米。塔身用白石雕砌，覆钵之十三法轮左右有镀金铜质塔耳一对，故又称为双耳塔。

图0-7 青海西宁塔尔寺天文塔

在塔尔寺内，又称时轮大塔。建于民国31年（1942年），高13米。金色十三法轮颇粗壮，上为金色伞盖、日月、宝珠。第二层基上四面各有二座小塔，共八座小塔。

一、藏塔溯源

藏传佛教的佛塔是信徒膜拜的对象，俗称喇嘛塔，是佛国世界的神圣象征。喇嘛塔源自印度的窣堵坡，因此，有必要对印度的窣堵坡作一解释。

窣堵坡为梵文“stupa”的音译，巴利文称为“Thupa”，译为塔婆，原意均指坟冢。印度《梨俱吠陀》（约公元前1500年）中，已有窣堵坡的名称。在古印度吠陀时期（约公元前1500—前600年）诸王死后均建窣堵坡。婆罗门教和耆那教也有窣堵坡崇拜。桑契大塔由阿育王（约公元前268—前232年在位）在现址上建造，当时直径18.3米，高7.6米。公元前2世纪中叶，大塔进一步扩建，顶上增修了一个方形围栏和3层伞盖，塔直径达36.6米，高约16.5米，形成现在规模。公元前1世纪晚期至公元1世纪初，又修建了南、北、东、西四座砂石的塔门。

桑契大塔是一种宇宙图式，有着深厚的文化内涵和多种象征意义。其半球体表示宇宙卵，或者是子宫。在印度的创世神话中，汪洋

图1-1 印度桑契大窣堵坡（李路珂 摄）
建于公元前3-前2世纪，由阿育王创建。它由基座、半球体的覆钵以及上部的方形栏、3层伞盖组成，为佛国世界的象征。公元前1世纪晚期至公元1世纪初，又建了四方四座塔门。

图1-2 印度桑契大窣堵坡塔门（陀兰那）的雕刻（李路珂 摄）

塔门由砂岩雕刻而成，总高10.35米。部分雕匠为象牙雕刻师，因此雕工精致。梁柱上雕刻释迦牟尼一生大事和本生经中的故事。持拂尘者、药叉、天女、车轮（法轮）、三尖饰（象征佛教宝器的三股叉）、大象、孔雀、太阳光环等均见于门上雕刻。

大海中的一粒种子形成金色的梵卵，从卵中诞生了大梵天。大梵天有四张脸，分别朝着东南西北四个方向。梵天用金卵的上半部创造了天空，下半部创造了大地，他不经意的脚蹬使大地下陷形成海洋。因此，半球体象征世界山。方形围栏和伞盖由印度古老的圣树崇拜衍化而来。伞盖象征世界之树——菩提树，佛陀在菩提树下悟道，菩提树也是佛陀的象征。菩提树是世界之树，也是世界之轴。3层伞盖代表佛教的佛、法、僧三件宝。佛舍利象征变现方法的种子。大窣堵坡的四门通向宇宙的四方。信徒从东门进入围栏，按顺时针方向朝拜巡礼，与太阳运行的轨道（东、南、西、北）一致，与宇宙的律动和谐。婆罗门教、耆那教虽建窣堵坡，但半球体上无伞盖。佛教窣堵坡继承生殖崇拜中的圣树崇拜传统，以轴和伞盖象征世界之树的菩提树，这即后世佛塔上的相轮。有相轮成为佛教窣堵坡的特征。了解了印度桑契大窣堵坡的文化内涵和象征意义，对我们研究藏传佛教佛塔是很有帮助的。

二、藏塔演变

藏传佛教寺庙中有众多的塔，塔也有各种形状。为了弄清藏塔的形制，必须对其演变的历史进行一番考察。

我国现存藏式塔中，较早的为元代所建。其中一座为北京妙应寺白塔，俗称白塔寺白塔。该塔为阿尼哥受元世祖忽必烈之请，从尼泊尔带来80名工匠，按照尼泊尔佛塔形式建造。由至元八年（1271年）动工，到至元十六年（1279年）竣工，历时八年。白塔平面呈“亞”字形，由台基、须弥座、瓶身、塔脖子、十三法轮（相轮）（或称十三天）、宝盖、塔刹组成。其特点是：瓶身壮硕，比例较粗短，十三法轮由下而上，下大上小十分明

图2-1 北京妙应寺白塔
在北京阜成门妙应寺内，建于元至元八年（1271年），由尼泊尔匠师阿尼哥仿尼泊尔佛塔形式建造，是喇嘛塔较早的例子，瓶身壮硕，塔刹为一小型窣堵坡。

图2-2 北京妙应寺白塔的十三天与塔刹
妙应寺白塔的十三天（十三法轮）下大上小，收分明显，为早期喇嘛塔特色之一。其宝盖流苏之上为塔刹，它是由基座、瓶身、3层相轮、宝珠构成的黄铜镏金的一座小窣堵坡。塔刹为小窣堵坡也是早期喇嘛塔特色之一。

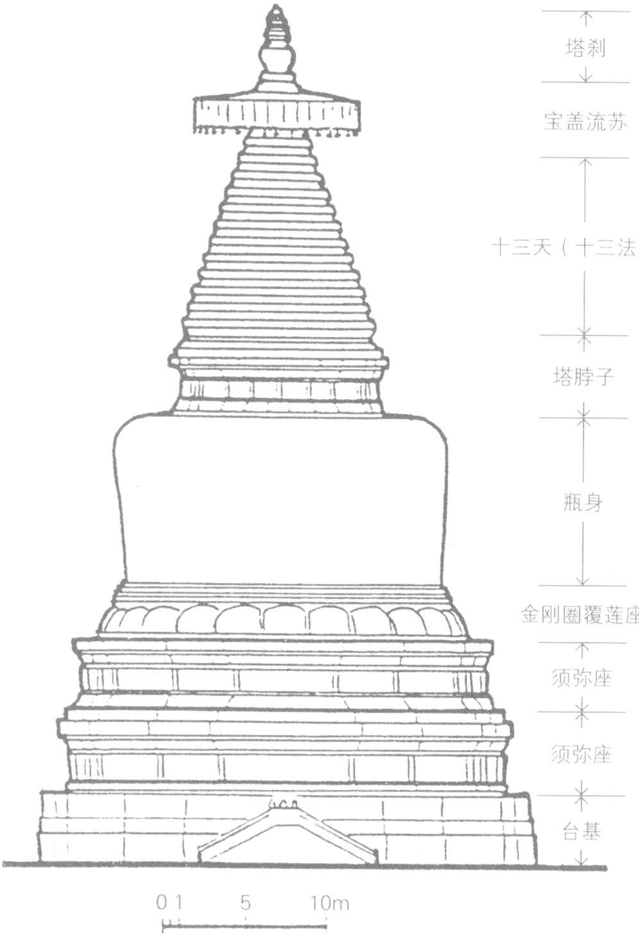

图2-3 北京白塔寺白塔各部位名称图
从图中可知，妙应寺平面呈“亞”字形、白塔瓶身比例壮硕；瓶身无塔门；十三天（或称十三法轮，或相轮）下大上小明显；塔刹为小型窣堵坡。以上五点均为早期喇嘛塔的特点。

图2-4 山西五台山塔院寺舍利塔/对面页
该塔又称大白塔，全名为释迦牟尼文佛舍利宝塔，建于元大德五年（1301年），为阿尼哥在中国所建三塔之一（另两个，一在北京，一在西藏）。此塔与北京妙应寺白塔特点相同，塔刹亦为镏金小型铜窣堵坡，塔总高56.4米。

显，呈尖锥形，立面呈三角形。十三法轮之上为宝盖和塔刹。宝盖为一个巨大的刻有花纹的圆形铜盘，直径9.7米，厚木作底，铜瓦作盖。整个华盖由四十块铜瓦组成，华盖四周悬挂着佛像、佛字和36副铜质透雕的华幔，每副华幔长2米，最下面悬吊着小风铃，状如流苏，亭亭如盖，风吹铃响，别有风韵。白塔总高51米。

山西五台山塔院寺舍利塔，即释迦牟尼文佛舍利宝塔，为阿尼哥在中国的另一作品。该塔建于元大德五年（1301年），外形与妙应寺白塔相似，平面呈“亞”字形，但瓶身比北京妙应寺白塔略瘦长，全塔总高56.4米。瓶身无

图2-5 江苏镇江昭关石塔
在镇江市西云台山北麓的五十三坡上，北临长江。建于下可通行的石台座上，为喇嘛式过街塔。塔刹为小型窣堵坡。从外观特征判断应是元代作品。

图2-6 湖北武昌黄鹤楼胜像宝塔北立面图

又称五轮塔，在武昌蛇山西端的黄鹤矶头。元至正三年（1343年）建造。外石内砖砌筑而成。属菩提塔。塔身分“地、水、火、风、空”五轮，故名五轮塔。雕刻精丽，塔刹为小窣堵坡形。

图2-7 北京北海白塔
在北海公园琼华岛之巅。建于清顺治八年（1651年）。与妙应寺白塔不同的是，瓶身比例变得细长，十三法轮下大上小的特点减弱，瓶身上出现眼光门（塔门），塔刹由小型窣堵坡变为日月火焰（心）刹。

塔门。据记载，唐朝以前这里有一座2层的八角塔，以后塔毁。元大德五年阿尼哥在此修藏式塔。一说明永乐五年（1407年）建大白塔，并将元代石塔藏在大白塔内。另一说认为，现塔即为阿尼哥所建，永乐、嘉靖、万历三朝只是重修，并非重建。笔者比较同意后一种说法。该塔须弥座为石建，塔身为砖砌。宝盖上盖铜板八块，并按乾、坎、艮、震、巽、离、坤、兑的八卦方位安置。塔刹为铜铸小型窣堵坡。该塔的十三法轮下大上小的特点不如北京妙应寺的塔明显。

江苏镇江昭关石塔为一座藏式过街塔，又称为观音寺喇嘛塔、瓶塔，在镇江市云台山北麓的五十三坡上，北临长江。有“昭关”刻字，故而得名。塔建于台座上，高4.69米，全用青石雕刻而成。该塔有元代藏塔的特征：无塔门，瓶身壮硕，十三法轮下大上小明显，塔刹为一小型窣堵坡。塔下方东西两面横额上有

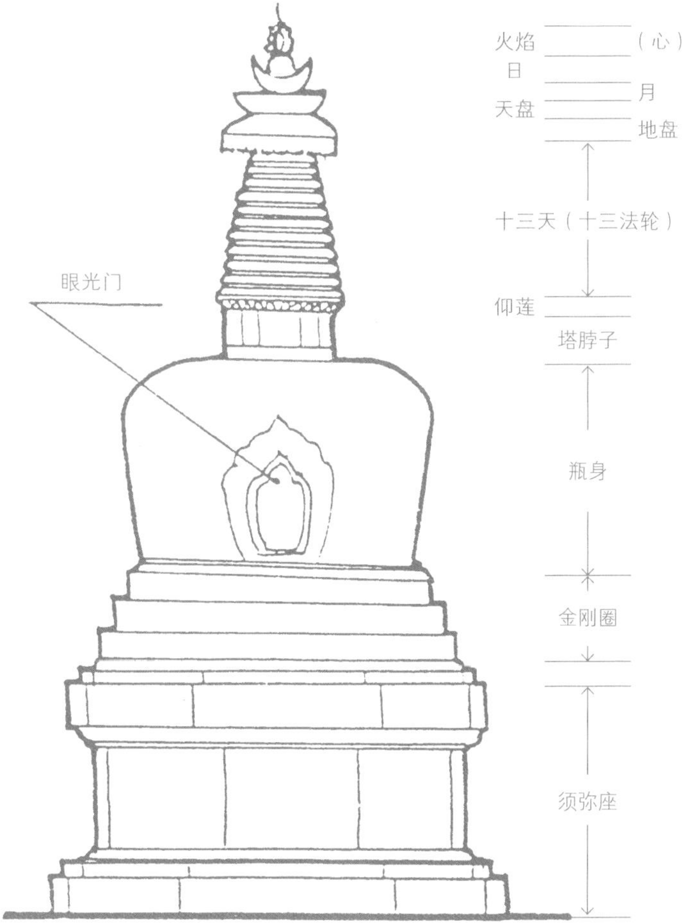

图2-8 北京北海白塔各部位名称图
建于清初的北海白塔，最重要的变化是：塔刹已由元代的小型窣堵坡变为日月火焰（心）刹。

图2-9 甘肃夏河拉卜楞寺大白塔

在夏河县城西拉卜楞寺内，建于清康熙四十八年（1709年）。塔下方为基座、须弥座，瓶身比例更瘦高，十三法轮比例变得瘦长加剑，直指苍穹，上为日月火焰（心）刹。

刻字“万历十年壬午十月吉重修”，即明万历十年（1582年）重修过。从形制上看应是元代藏式塔。

武昌胜像宝塔原在武汉市蛇山西端黄鹤楼前，因形状独特，被百姓称为“孔明灯”。1955年因建武汉长江大桥，迁建于蛇山上。该塔建于元至正三年（1343年），为大菩提塔形制，平面呈折角十字形，即“亞”字形。该塔塔身各段分别象征佛教“地、水、火、风、空”五轮，故称“五轮塔”。密教称地、水、火、风、空为五轮，世界由此五轮所成。塔身雕刻云神、水兽、莲瓣、金刚杵、梵文等装饰，十三法轮上刻仰莲承托石刻宝盖。塔刹为铁制瓶形小窣堵坡。此塔内为中空。在迁建时，发现塔心内有一个雕刻精致的石幢，高1.03米，另有铜瓶一个，瓶底刻“洪武二十七年岁在甲戌九月乙卯谨志”十六字，或此塔在1394年塔心室被打开，进行过维修。从平面呈“亞”字形、瓶肥硕、无塔门、十三相轮下大上小呈明显的尖锥状、塔刹为小型窣堵坡五点特征看，胜像宝塔应为元构无疑。

明代起，藏式塔出现了一些变化。西藏江孜白居寺十万佛塔建于明宣德二年（1427年）至明正统元年（1436年），塔高13层，42.5米。该塔以体形巨大，被称为“西藏塔王”。该塔平面呈“亞”字形，瓶身比例粗短，瓶身开了四个塔门。十三相轮下大上小明显，天地

图2-10 江苏扬州瘦西湖莲性寺白塔（前页）
在扬州市西郊瘦西湖畔，建于清乾隆年间（1736—1795年）。其瓶身比北海白塔更瘦高，最上面的塔刹不是日月火焰（心）刹，而是以一只铜质葫芦为刹。

图2-11 扬州瘦西湖莲性寺白塔十三法轮与塔刹
莲性寺白塔建于汉族聚居地区，塔刹没采用当时流行的日月火焰（心）刹，而用葫芦为刹，这是耐人寻味的。葫芦为生殖崇拜的象征物，后来成为道教的法器，成为汉文化中的吉祥物。以葫芦为刹，正说明佛塔的世俗化和民族化。

盘上为小型窣堵坡。主要的变化是开设了塔门。而作为“塔中有寺”的白居寺塔，塔中为佛殿，开门以通风、采光、通行，乃顺理成章之事。

西藏佛塔到13世纪前后，形成了量度制度，有关论著相继产生，其中以布顿和桑杰嘉措量度最为著名。其量度规范、系统地论述了塔的各个部分的比例关系和加工方法，成为塔的营建依据，是西藏佛塔的“营造法式”。

布顿大师（1290—1364年），全名布顿·仁前竹，居夏鲁寺，创立夏鲁派。1352年，著《大菩提塔样尺寸》（藏文），并建一

图2-12 十三世达赖灵塔立面图

在布达拉宫内，1933年十三世达赖圆寂后建造，同时修建了灵塔殿，即“妙善如意殿”。该灵塔选用菩提塔式，高12.88米，是布达拉宫内最大的金塔，塔面镶嵌珠宝最多，称为“世界同价”（引自《布达拉宫》，中国建筑工业出版社，1999年）。

图2-13 云南宁蒗县泸沽湖岛上的白塔/上图

泸沽湖一带居住的摩梭人信奉藏传佛教。此塔建于湖中一岛上，为民国时建造，为永宁土知府总管之父的墓塔。1986年重修。

图2-14 泸沽湖岛上白塔的上部/下图

该白塔的法轮分为二段，下段十二法轮，上以一大圆盖为顶，再上为一抬伞莲，上有7层法轮，无天地盘伞盖，其上为日月刹，无火焰（心），颇为特别。

砖砌大菩提塔，收藏印度、尼泊尔、汉地、西藏佛教文物。在他的书中，塔刹由月亮、日轮、尖端组成，即日月火焰（心）刹。布顿著书之时（1352年，元朝至正十二年），藏式塔之日月火焰刹已经出现，布顿大师才能总结经验，定出量度法式。

塔的量度除布顿大师著述外，桑杰嘉措也著有量度标准。桑杰嘉措（1653—1705年），拉萨人，出身大贵族仲麦巴家。清康熙十八年（1679年）起，揽西藏政务，成为达赖的代理人，主持藏政20余年。关于营造塔的法式，他有好几本专著，其中以《亚色》最完整。该书以布顿塔量度为依据，参照《时轮经》里的佛塔标准，提出修正方法，形成黄教派的量度标准。

由上可知，日月刹在西藏元代已出现，在汉族聚居之地，则出现较迟。北京北海白塔即为一例。该塔建于清顺治八年（1651年），砖石结构，平面为十字折角形，即“亞”字形。塔高35.9米，不及妙应寺白塔（50.9米），因踞琼华岛之巅，处形胜之地，是北海最突出的建筑，成为北京城区中心的重要标志之一。北海白塔与元塔相比，其变化是：瓶身比例变得略瘦高，出现塔门（眼光门），十三法轮下大上小较不明显，由一层宝盖变为二层（天、地盘），最重要的变化则是塔刹由小型窣堵坡变为日月火焰（心）刹。

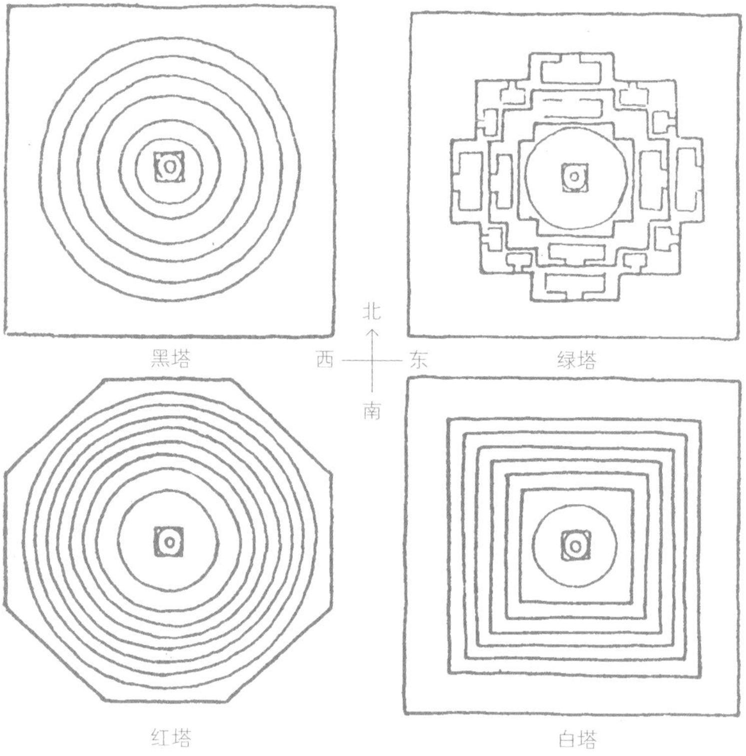

图2-15 桑耶寺四塔平面示意图

西藏桑耶寺建成于779年，即吐蕃王朝第五代赞普赤松德赞执政时期。乌策大殿外四隅，建有四塔，即东南隅白塔，西南隅红塔，西北隅黑塔，东北隅绿塔，平面各异（引自宿白，《藏传佛教寺院考古》，文物出版社，1996年）。

图2-16 布达拉宫壁画中的桑耶寺四塔（对面页）

由于四塔在“文化大革命”中被拆毁，布达拉宫壁画中的四塔形象成为研究的宝贵资料。必须指出，其所画法轮及塔刹与实际有一定出入（引自《布达拉宫》，中国建筑工业出版社，1999年）。

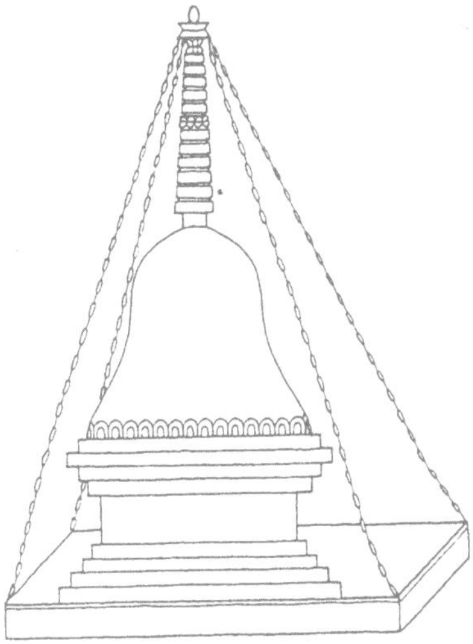

a 桑耶寺红塔（壁画）

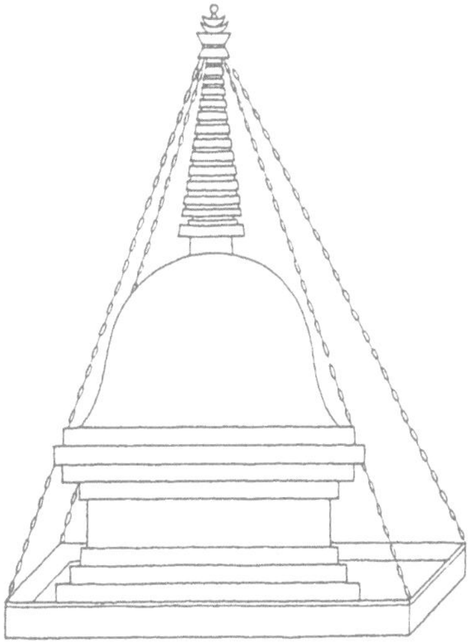

b 桑耶寺黑塔（壁画）

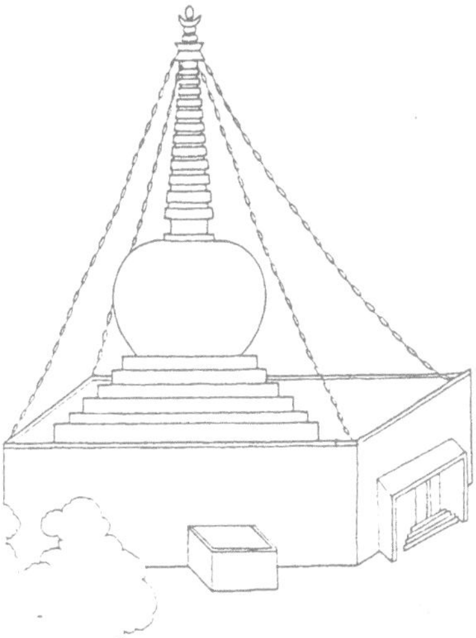

c 桑耶寺白塔（壁画）

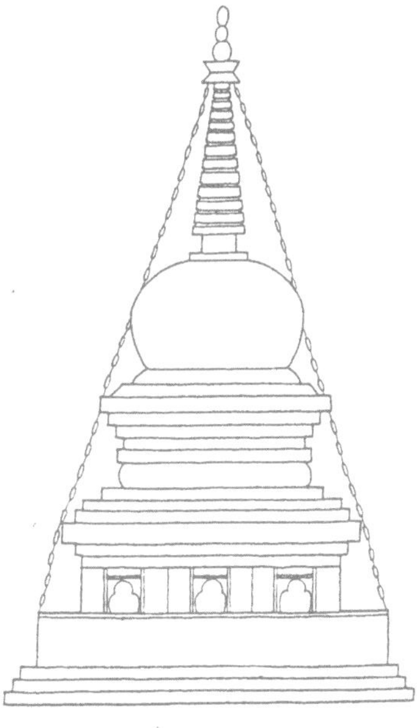

d 桑耶寺绿塔（壁画）

甘肃夏河拉卜楞寺大白塔，建于清康熙四十八年（1709年）。拉卜楞寺为黄教六大寺院之一，建塔之时，桑杰嘉措的《亚色》已问世多年，该书为黄教建塔之“营造法式”，故该塔已与后世之黄教佛塔大略相同。其瓶身比例更瘦高。十三法轮比例变得瘦长如剑，直指苍穹，上为日月心刹。

在汉族聚居地区，藏式塔还出现一些特殊的变化，扬州莲性寺白塔即为一例。该白塔是扬州绅商为奉迎乾隆皇帝南巡而建，五亭桥也是如此。《清代述异》记述了扬州盐商一夜造塔之事。有点神话色彩。但其中谈到该塔仿自北海白塔，却是可信的。但细细看去，该塔与北海白塔又似又不似。均为喇嘛塔，外形相似；扬州白塔有着江南建筑的轻灵秀美，与北海白塔的雍容华贵之气质不同；最重要的不同之处，则是扬州莲性寺白塔的塔刹没用日月火焰（心）刹，而以一只巨大的铜质葫芦为刹。

图2-17 尼泊尔沙拉多拉大塔
该塔约建于公元前2世纪。以半球体为覆钵，四面有重檐的假门。覆钵上方塔脖子为方形，四面有四双眼睛。上面有13层逐层缩小的扁方形，叠成呈曲线的锥体。上为华盖，最上以小型窣堵坡为塔刹。

这是发人深思的。葫芦在古代中国一直是生殖崇拜的象征物。后来，道教以葫芦为法器。葫芦成为汉文化中的吉祥之物。扬州白塔的这一取向，正符合了汉民族的审美心理和情趣，也说明了佛塔的世俗化和民族化是其演变的必然历程。

民国时也建了许多藏式塔，十三世达赖灵塔以其尊贵和装饰之华美而格外引人注目。该塔在布达拉宫内，于1933年十三世达赖圆寂后建造，采用菩提塔式，高12.88米，为布达拉宫内最大的金塔，塔面装饰华丽，镶嵌珠宝最多，被称为“世界同价”。其形式也是黄教塔的式样。

云南宁蒗县泸沽湖一带居住的摩梭人信奉藏传佛教，他们建有若干藏传佛教寺院，也建有若干藏式塔。在泸沽湖中一岛上，有一座白塔，该塔为民国时建造，为永宁知府总官之父的墓塔，1986年修理。该塔的上部很特别，法轮分为二段，下段十二法轮，上以一大圆盖为顶，再往上为一抬伞莲，莲上有7层法轮，上为日月刹，日月刹与7层法轮之间，无天地盘与伞盖，无火焰（心）。二层法轮共十九法轮，超出流行的十三法轮之数，颇为奇特。

关于藏式塔后来通用十三相轮，主要是受到尼泊尔佛塔形制的影响。据《西藏王统记》载，雅隆部落第二十七代藏王拉托托日时期，一部《邦贡恰加》和一座金尔塔从天而降，为西藏有佛塔之始。而《青史》记载，该经书和金塔为一位尼泊尔佛教大师带进西藏，此后，西藏才开始有塔。公元7世纪，吐蕃第三十二代藏王松赞干布先后与尼泊尔、唐朝联姻，迎娶了尺尊公主与文成公主，尼泊尔与汉地的佛教及建筑技术均影响了西藏。公元8世纪，赤松德赞时，佛教盛行，公元779年，桑耶寺建成。乌策大殿四隅，建有红、绿、白、黑四塔。直至1959年宿白先生等人赴藏调查时，四塔仍保存较完整。东南隅白塔塔基为方形，其上建扁平圆覆钵，相轮17层，相轮顶立伞盖，上以宝瓶、宝珠为刹，实际上是以小型窣堵波为刹（布达拉宫壁画中的桑耶寺四塔中之白塔的相轮数及日月心刹与实际不符）。而位于西南隅的红塔，八角形基座，上覆6层覆莲，上为圆形覆钵，相轮分为二段，下段九轮，上段七轮，伞盖、塔刹与白塔相似（布达拉宫壁画中的桑耶寺四塔中之红塔相轮数及塔刹与实际不符）。西北隅为黑塔，圆形基座2层，上为覆钟形钵形，相轮分二段，下段九轮，上段七轮，伞盖塔刹略与红塔同（布达拉宫壁画中之黑塔相轮、塔刹与实际不符）。东西隅为绿塔，十字折角形基座3层，扁圆形覆钵，相轮分为三段，下段九轮，中段七轮，上段五轮，上为伞盖，以宝瓶、宝珠为刹。由四塔可知，当时相轮并无定数。

图2-18 尼泊尔斯瓦扬布纳特窣堵坡
该窣堵坡位于尼泊尔国都加德满都西部，建于公元前3世纪，下面是巨大的白色半球体，塔脖子四面各有一双巨眼，上有13层铜制圆盘，上为伞盖和小型的镀金的窣堵坡（引自《布达拉宫》，中国建筑工业出版社，1999年）。

而尼泊尔流行13层相轮的做法，其建于公元前2世纪的沙拉多拉大窣堵坡以及建于公元前3世纪的斯瓦扬布纳特窣堵坡就是有力的例证。它们分别以13层逐渐缩小的扁方石块及13层逐渐缩小的铜制圆盘作为相轮。这种尼泊尔的佛塔形制通过宗教传播和文化交流影响到西藏。阿尼哥第一次到中国，是跟随国师八合斯巴于元中统元年（1260年）到西藏的，在西藏他修建了黄金塔。他于元至元八年（1271年）修了北京妙应寺白塔，元大德五年（1301年）修建了五台山大白塔，均以尼泊尔的十三相轮为制，相信他在西藏建的黄金塔也是如此。藏式塔以十三相轮为制，应是元代以后的事。布顿大师的《大菩提塔样尺寸》一书即以十三法轮为制，并规定了日月心制的制度，改变了尼泊尔佛塔的小型窣堵坡为刹的做法，使藏式塔具有了不同于尼泊尔佛塔的民族与地方特色。

云南宁蒗摩梭人的白塔相轮分为二段的做法，或许是保留了古老藏塔的制度，确否待考。

三、藏塔释义

塔在藏文中称“甸”或“却甸”，“甸”即依物。佛教中，依物一般分三种，代表佛的身、语、意，即身所依，语所依，意所依。身所依为佛像，语所依为佛经，意所依为佛塔。

佛教讲三身。《天台光明玄》曰：“法报应为三。三种法聚故名身。所谓理法聚名法身，智法聚名报身，功法聚名应身。”塔属法身。

藏传佛教佛塔的各部位各有名称，而各部位均有其象征意义。上面讲过，武昌胜像宝塔又称“五轮塔”。密教通称地、水、火、风、空之五大为五轮。此五大，法性之德当是圆满故云轮。世界为此五轮所成。《大日经疏》卷十四云：“一切世界皆是五轮之所依持，世界成时，先从空中而起风，风上起火，火上起

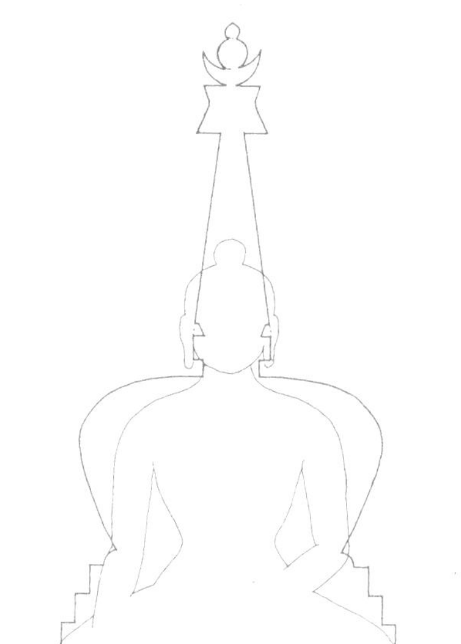

图3-1 佛塔与佛像比较图
塔可象征佛体，斗象征脸部，斗垫为颈部，塔瓶为身体，四层级为金刚盘腿之形象，十三法轮为项发（引自《布达拉宫》，中国建筑工业出版社，1999年）。

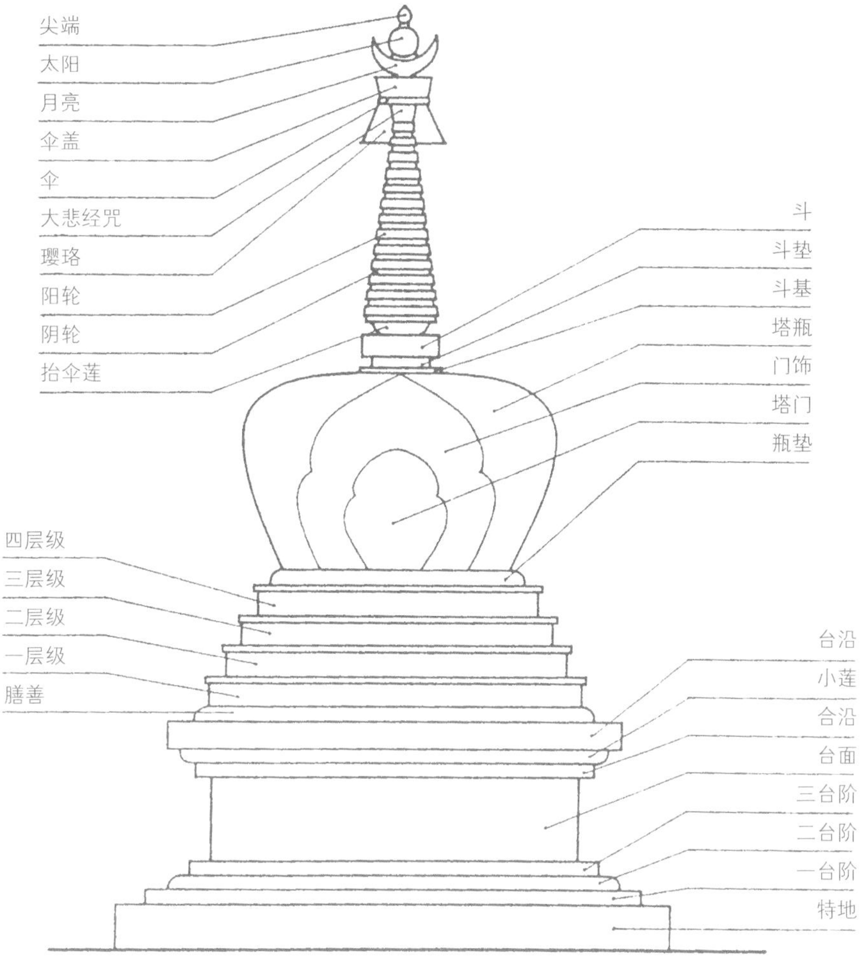

图3-2 藏传佛教佛塔部位名称图

藏塔到元代后，形制逐渐确定。清康熙后，塔的制度更成定规。只有明了各部位的名称，才能弄清其象征意义（引自《布达拉宫》，中国建筑工业出版社，1999年）。

水，水上起地，即是曼荼罗安立次第。”这五轮分别以不同的几何形状和颜色加以象征表达：地大方形，为黄色；水大圆形，为白色；火大三角形，为赤色；风大半月形，为黑色；空大宝珠形，为青色。作为大日如来的三昧耶形的五轮塔，即象征地表达这五大。

佛教认为地、水、火、风是构成一切色法（相当物质现象）的四种基本元素，称之为四大，或称“四大种子”、“四大种”。藏式塔的方形基座，代表地；圆形的塔瓶，代表水；十三法轮的正立面是三角形，代表火；华盖部分（伞），代表风。日月和尖端，分别代表太阳、月亮和心。

藏塔的这些象征意义可以从年代上更早的尼泊尔佛塔上找到其渊源。沙拉多拉大窣堵坡以及斯瓦扬布纳特窣堵坡，其下面为一巨大的白色半球体，代表水；半球体上是方形镀金的部分，代表地；十三法轮或十三天，其正立面为三角形，代表火；上面的伞状物代表风；最顶上是一个小型镀金的窣堵坡，象征“生命的精华”。整个窣堵坡体现了佛教“四大和合”的思想。

在《时轮经》里，塔的四层级象征着四座坛城。《无秽顶发经》说，塔的层级象征器世界，塔瓶象征情世界（器世界，指一切众生可居位之国土。对于众生，则称情世界）。《金刚续部经》则云：塔座象征欲界，层级象征色界，塔瓶象征无色界。

塔又可以象征佛体，斗象征脸部，斗垫为颈部，塔瓶为身体，四层级为金刚盘腿之形象，十三法轮为顶发。

四、曼荼罗探秘

曼荼罗是梵文"Mandala"的音译，原义是球体、圆轮等，是佛教密宗按一定仪制建立的修法的坛场。在方形或圆形的土坛上，安置诸佛、菩萨，加以供奉，"此坛中聚集诸佛、菩萨功德成一大法门，如毂、网、辐具足而成圆满之车轮"。曼荼罗旧译为"坛"或"道场"，新译为"聚集"或"圆轮具足"。曼荼罗是密教对宇宙真理的表达，对密教的建筑艺术产生了巨大而深远的影响。

曼荼罗，其词根"mandala"的原义是"座位"、"场地"，其最初的意义指供奉神灵的祭坛。曼荼罗在密宗之前的文献和实践中完全成了祭坛（Sulva）的代名词。

图4-1 陕西扶风法门寺博物馆中立体曼荼罗

1987年，法门寺地宫中发现遗失千年之久的释迦牟尼佛指骨舍利及大批珍贵文物，其中有密宗唐代金刚界大曼荼罗成身会造像宝函等。1988年法门寺博物馆建成，展品中有立体曼荼罗等。

曼荼罗的文化渊源有以下几种说法：

1. 生殖崇拜渊源说

曼荼罗的生殖崇拜渊源说见于赵国华先生的《生殖崇拜文化论》。他认为：以圆形象征女阴，在印度古代演成了充满神秘意味的坛场，称作“曼荼罗”。古代印度生殖崇拜盛行，自史前的岩画中已出现许多生殖崇拜的内容，旨在祈求动植物的繁殖和人类自身的繁衍。在公元前2500至前1500年的印度河文明时代，生殖崇拜继续发展。摩亨佐达罗出土的冻石雕刻《菩提树女神印章》，说明菩提树被作为生殖女神住处的圣树而加以崇拜。

在古印度的吠陀文化或恒河文化（约公元前1500—前600年）时代，雅利安人入侵，征服了印度河流域的达罗毗荼人，以自然崇拜为中心的雅利安人的游牧文化，逐渐与以生殖崇拜为中心的达罗毗荼人的农耕文化交融。约公元前9世纪前后，雅利安人的吠陀教直接演变为婆罗门教（后世印度教的前身）。生殖崇拜文化与自然崇拜文化的相互影响和交融，使印度文化上升为追究宇宙起源和灵魂的生命崇拜，以广泛的宇宙意识和神秘的象征性为特征。达罗毗荼人对母神、公牛、兽主、圣树等生殖崇拜因素得以上升为宇宙意识和更神秘化。后世印度教三大神之一的湿婆，主宰生殖与毁灭，其源于吠陀神话的暴风之神鲁特罗与达罗毗荼人的生殖之神兽主的融合为一。

生殖崇拜文化是人类文化中历史最久远的文化之一。在印度，生殖崇拜文化与宗教文化相结合，生殖器与性力被神化，成为神圣之物。印度教的湿婆派崇拜男性生殖器，主神湿婆象征男性生殖器。印度教的性力派则崇拜女性生殖器，主神萨克蒂象征女性生殖器。在印度教的神庙中，在印度的村镇中，到处可以见到男根女阴的雕像，在印度的神庙雕刻中有许多男女交媾的形象，如果不了解印度文化中旺炽的生殖崇拜传统，就会感到十分诧异。

印度佛教中的大乘佛教吸收了许多印度教的因素，而8世纪以后受到印度教性力派影响而兴起的派别称为坦多罗佛教或密教。

密教与印度教一样，继承了生殖崇拜文化，认为性力是宇宙的根本原理，智慧和力量的集中体现，男女和合才能获得宗教的解脱和无上的福乐。在原始的古印度生殖崇拜中，女性被喻为田亩，男性生殖器喻为锄头，精液为种子。“女子相传为田地，男子相传为种子；一切有身体的生物皆因田地和种子的结合而出生。”（蒋忠新译《摩奴法论》第九章）印度教性力派把“双身”（交合）看作修行者的重要修行方法，密教也是如此。

由以上所述，可知印度生殖崇拜文化源远流长。曼荼罗的生殖崇拜渊源说值得重视。

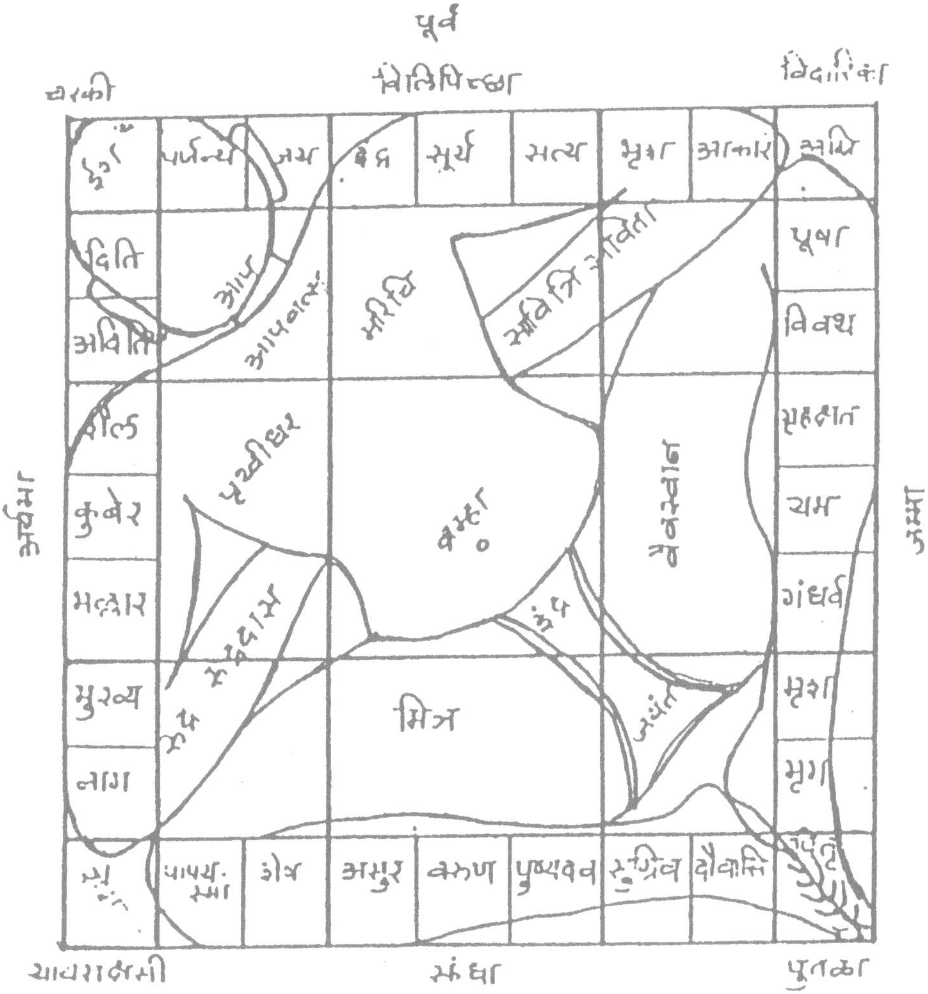

图4-2 梵天实体曼荼罗（原人实体曼荼罗）

这是一个方形的图形，中央的大方格是大神梵天所在，众神位于其周围。中央方格中人体的肚脐部位，也是子宫所在，也是宗教最神圣的密室所在的位置。

图4-3 圆形梵天实体曼荼罗

曼荼罗有方、圆多种形式，圆形梵天实体曼荼罗象征世俗的世界和时间的运动。而方者则象征神灵的世界，是固定的、完善的、绝对的形式。

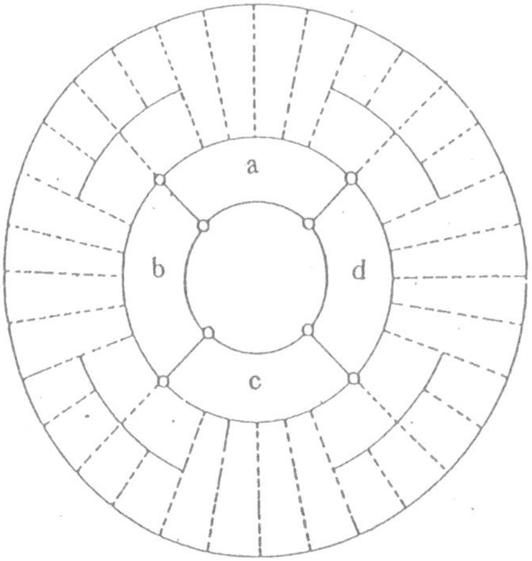

2. 原人渊源说

原人（purusa），是印度哲学中的灵魂或自我。在吠陀经中，原人是一位大神。《梨俱吠陀》中有一首《原人歌》，说它有千头、千眼、千足，是“现在、过去、未来的一切”，“不朽的主宰”。从他的头上的双唇产生了婆罗门（祭司），双手产生了刹帝利（武士），大腿产生了吠舍（农夫），双腿产生了首陀罗，从心中生出月亮，从眼睛里生出太阳，从气息中产生风，从肚脐上生成空气，他的头形成天，脚生成地。在这一创世神话中，宇宙是由原人身体的各部分创造出来的。

《吠陀经》中叙述了曼荼罗产生的神话：在远古，存在着一种叫以太之物，无形而充满天地，无处不在。天神们把它压到地上，脸朝下躺着。大神梵天坐在它上面的中央，众神环绕着大梵天。它被压在地上的图式称为“原人实体”，因大梵天居于中央，是一种有序的现象世界，称为“梵天实体曼陀罗”（Vastu-purusha-mandala）。

梵天实体曼荼罗有方、圆多种形式。圆者象征世俗的世界和时间的运动，这或许与古印度人认为地球为圆形的观念有关。方者则象征神灵的世界，是固定的，不能运动的，因而是一种完美的绝对的形式。无论方圆，都由大梵天居中，众神按等级次序围绕梵天。

曼荼罗在密教之前已经出现，原为祭坛的代名词。曼荼罗起源的这一神话赋予其一种神圣性，表明了其象征神灵世界的宇宙意识。

图4-4 古印度雅利安村镇平面图

雅利安古村镇的道路呈十字正交，围绕村镇有一圈小路，为人们进行太阳崇拜仪式而设，由东门始，顺时针过南、西、北绕村一圈。

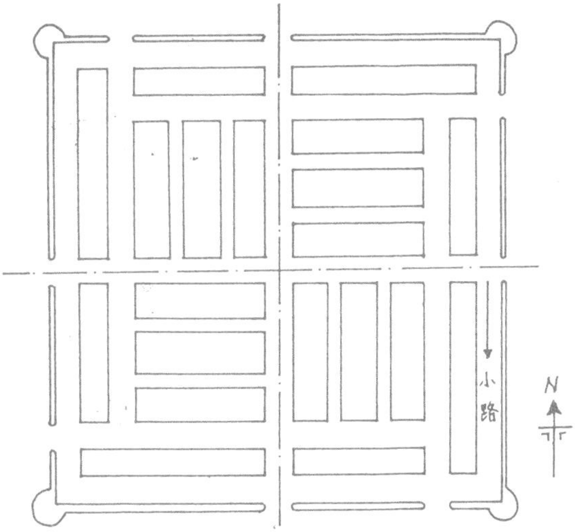

3. 图腾崇拜渊源说

吕建福先生认为，曼荼罗可能起源于原始信仰中的图腾崇拜。《祭坛经》有云，举行阿耆尼火祭仪式用鹰的图形。隼形曼荼罗，当是鸟兽形象曼荼罗中常见的一种。圆形曼荼罗象征太阳，用以供祭日神；半圆者象征月亮，用以供奉月神。后来密教的火供法中，护摩坛的形状有圆、方、三角等。其中三角形可能表示火神的形象。曼荼罗在所有的印度宗教和民间信仰中都有，是泛印度的概念。

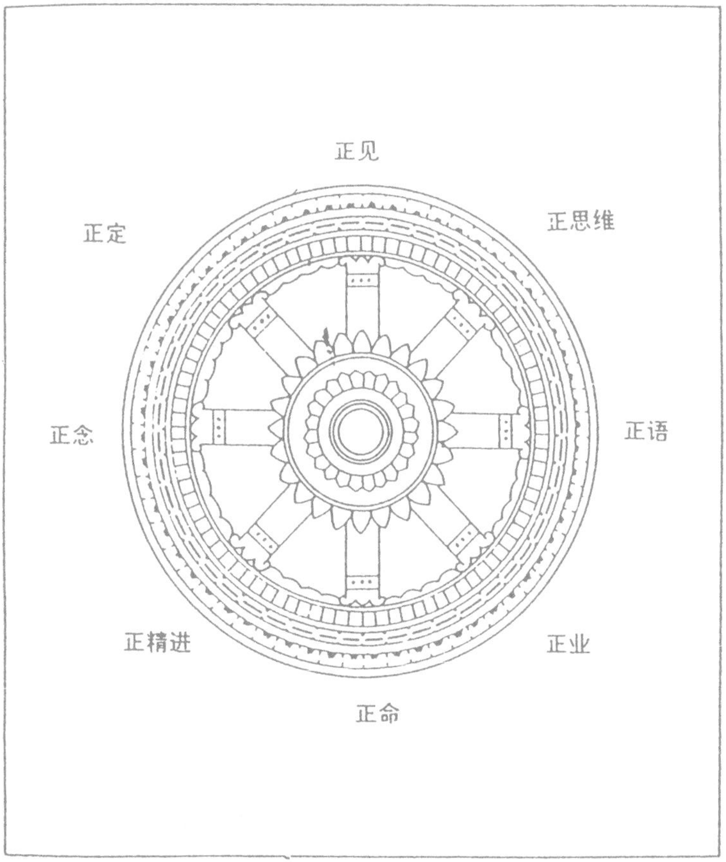

图4-5 用法轮解释“八正道”

车轮是太阳神的象征，是太阳的符号。这一符号为佛教所继承，成为佛教法轮的形象（引自《世界宗教概览》）。

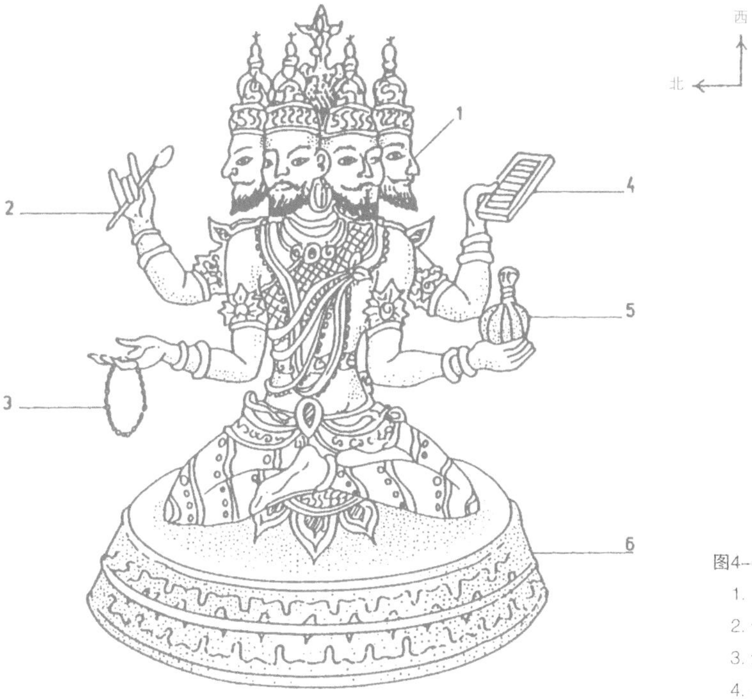

图4-6 印度教之神：梵天及其特征
1. 四张脸朝着宇宙的四个方向；
2. 供勺；
3. 念珠；
4. 四部吠舍（经文）；
5. 盛满恒河水的宝瓶；
6. 莲花座（所有的神都站立或端坐在莲花座上）
（引自《世界宗教概览》）

以上三种渊源说各有其道理，也并非互不相容。笔者从神话学、考古学、宗教学、建筑学的多种角度考察，参照世界性的跨文化的同类或相似的材料，认为曼荼罗的主要文化源头为古印度的太阳崇拜文化和生殖崇拜文化，是这两种文化的交融，是古雅利安文化与古达罗毗荼文化的互渗与融合。

雅利安人原是游牧民族，以自然崇拜尤其是太阳崇拜为其文化特色，同时也崇拜月亮、天空、风暴、雷雨、水、火等自然力量化身的诸神。太阳神为地位最高的天神。婆罗门每天都执行日出、中午、日落三次宗教仪式，这一仪式影响了雅利安村镇，形成了一种特有的布局模式：正方形的平面，正东西向和正南北向的两条主要街道相交于城市中心，形成正十字形；围绕村镇，有一周小路。正十字街的四个出口，形成四个主要的门。村镇外面有一圈围墙。围绕村镇的一圈小路，是为进行太阳崇拜仪式而设，人们顺时针方向绕小路朝拜,这条路象征着太阳通过天空的道路，或者太阳运动的生（日出）死（日落）之轮。

雅利安村镇的四门中，东门奉献给梵天——由东升的太阳所代表的创世主；南门，象征中午的太阳，奉献给大神因陀罗；西门奉献给落日，或死亡之神阎摩（或称夜摩天）；北门奉献给战神 senapati 或 kartikeya。后来，毗湿奴——苏利耶取代了因陀罗正午的地位，湿婆取代了阎摩在西门的地位，而毗湿奴——那拉雅那取代了北边战神的地位。

雅利安村镇中间为十字形主干道，十字形为世界性跨文化的太阳符号。所示的圆形梵天实在曼荼罗，形如车轮，中间为十字形。车轮形也是太阳符号。在印度的神话中，太阳神驾马车穿过天空，因而车轮成为太阳神的象征物，这在13世纪所建的科纳拉克太阳神庙的基石上以车轮为饰中，可以得到确证。希腊的太阳神阿波罗也是驾马车穿过天空的。车轮形亦为世界性跨文化的太阳符号。这一太阳符号由佛教所继承，成为佛教法轮的形象。

“原人”为婆罗门教和印度教创世神梵天的称号。大梵天是一位四面的创世神，也即太阳神。《摩奴法典》和《梨俱吠陀》描绘梵天为发光的生命之源，时空的创造主。《罗摩衍那》云：“四面大梵天……光辉太阳似。”

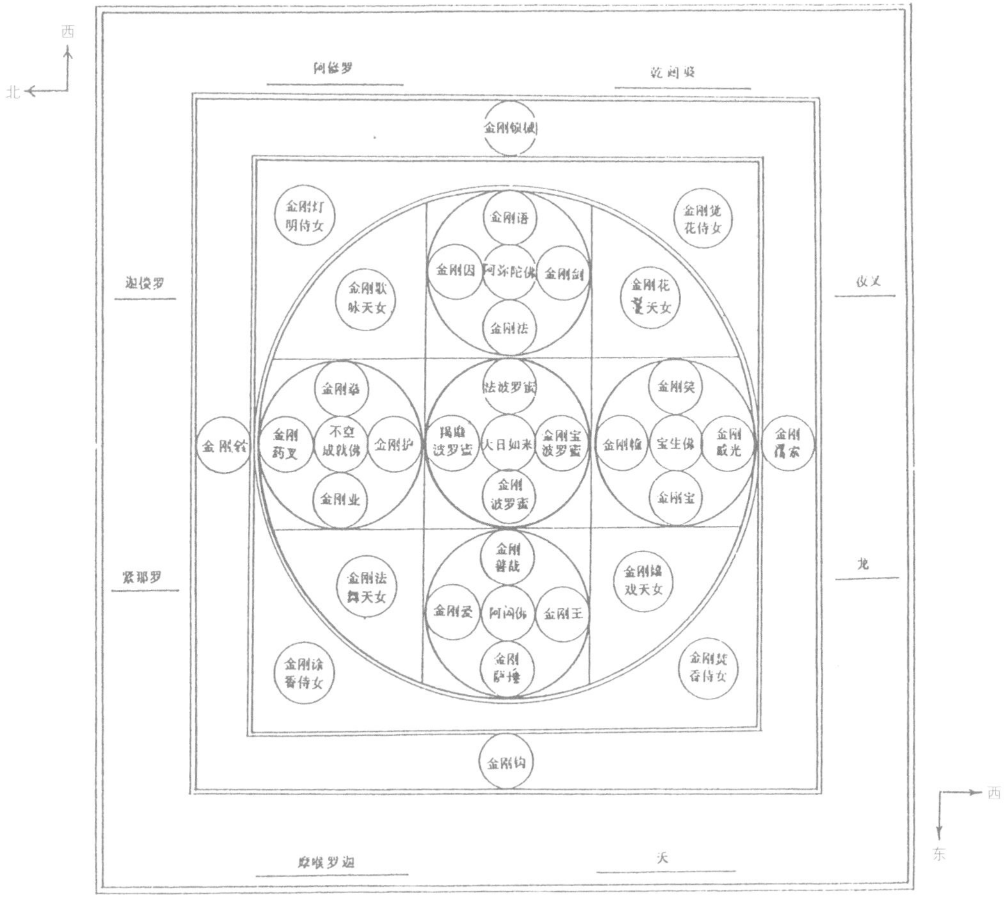

图4-7 《金刚顶分别圣位》所述金刚界大曼荼罗“成身会”示意图

密宗的曼荼罗各种形式，均以十字太阳符号为特征，中心供大日如来，具有明显的太阳崇拜文化内涵（引自罗炤，“略述法门塔地宫藏品的宗教内涵”，《文物》，1995年6月）。

《唱赞奥义书》云："太阳，大梵也。"点明了大梵天实为太阳神。

大乘佛教和南传佛教均有曼荼罗的形式，其构图均有十字太阳符号。6—7世纪，佛教的新教派——密教兴起，并逐渐成为印度佛教中的主流。密宗崇奉的最高本尊为摩诃毗卢遮那（梵文"Mahā vairocana"），"摩诃"为"大"，"毗"为"遍"，"卢遮那"即光明朗照，意为"大光明"、"光明遍照"，意译为"大日如来"，又称"遍照如来"，即从如实之道而来的太阳神。密宗认为大日如来是理性和智慧的集中表现，是理智不二的法身佛。

密宗的曼荼罗有坛场与图画两种形式，均以十字太阳符号为特征，中心供奉大日如来，具有明显的太阳崇拜文化内涵。

曼荼罗中亦有深厚的生殖崇拜文化的内涵。印度古代的太阳崇拜与生殖崇拜相融合，太阳成为男性生殖力的象征物。美国学者埃利亚德指出："《梨俱吠陀》中，生主(Prajapati，意即造物主）被描绘为'金色的胎儿'(Hiranyagarbha)，亦即'太阳的精子'。《婆罗门书》显然将精液（Semenvirile）认为是太阳神的显现。'当人类之父将彼作为精子射入子宫时，以彼为精子射入子宫的即是太阳'，因为'光便是生殖的力'……《歌者奥义》将'原初的种子'与光联系起来，后者是最高的光，即太阳。"

在梵天实在曼荼罗中，原人为吠陀神话中的创世之神，大梵天居于该曼荼罗中央的位置，即原人肚脐的部位。王贵祥先生认为：“印度教神庙的中央密室，往往就设于这一部位，这个密室，也往往被称作‘子宫’。”我们知道，大梵天为太阳神，而太阳神居于“子宫”位置，正是太阳神与生殖之神合而为一的象征。

另外，原人创世神话，让人联想到远古以人献祭天神的情形，这种献祭目的包括祭祀各种自然神，以祈求人口繁衍，五谷丰登，生殖崇拜是这种献祭的重要内容，而原人曼陀罗中的人体的分割，正是可能将这些躯体，奉献给处于该分格的神祇。如果这一推测成立，则最原始的曼荼罗就与生殖崇拜直接相关。

胎藏界和金刚界为密宗的一种法门。胎藏是含藏一切之意。另外，又有母胎摄持护育一身的精要之意。胎藏一方面譬喻莲华开敷（莲花胎藏），又譬喻世间的女体（胞体胎藏）。由《大日经》所作的胎藏界曼荼罗，又称为大悲胎藏生曼荼罗。很明显，该曼陀罗的胎藏之名以及莲华（古印度莲花为女阴的象征）之名都展示了其女性生殖崇拜的内涵。

金刚界为大日如来的坚固无比的觉悟的智德，有如金刚石，能摧毁一切烦恼，发挥殊胜力量的场所。金刚界曼荼罗由《金刚顶经》而作，《金刚顶经》在实践中吸收了印度的性力崇拜和大乐思想，该曼荼罗明显地展示了男性生殖崇拜的内蕴。而法曼荼罗，即种子曼荼罗，“种子”是生殖崇拜用语，其内涵是显明的。

从以上论述可知，曼荼罗作为印度宗教中普遍存在的坛场或图式，其文化渊源为古雅利安人的太阳崇拜文化和古达罗毗荼人的生殖崇拜文化，这两种文化交融为一体，为印度教和佛教的密宗所继承。印度教、密教神祇众多，实与生殖崇拜文化相关。据《密教通关》说，胎藏界曼荼罗共有诸佛菩萨四百余尊，而金刚界曼荼罗共有诸佛菩萨1400多尊。神祇越造越多，神的家族越来越庞大，也与生殖繁衍观念息息相关。

五、曼荼罗的种类

从形式上来区分，曼荼罗可以分为大曼荼罗、三昧耶曼荼罗、法曼荼罗、羯磨曼荼罗四种。

大曼荼罗，也称绘画曼荼罗。用青、黄、赤、白、黑五色绘出总集诸佛、菩萨形象之坛场的全景，五色分别代表地、水、火、风、空“五大”，以普遍的体系表示宇宙全体之相。

三昧耶曼荼罗，不直接描绘佛或菩萨的形象，而只描绘象征某佛或菩萨的器杖和印契的曼荼罗,是以特殊之相表示宇宙万物之相。

图5-1 青海西宁塔尔寺密宗学院天花所绘三昧耶曼荼罗
该曼荼罗以青、黄、赤、白、黑五色绘出坛场全景，不直接描绘佛或菩萨的形象，只绘出象征某佛或某菩萨的器杖（引自《中国古建筑大系·佛教建筑》，中国建筑工业出版社）。

法曼荼罗，也称种子曼荼罗，无佛或菩萨的形象和法器，而以种子表示诸尊，即只写出代表诸尊的各自名称前的第一个梵文字母的曼荼罗。

羯磨曼荼罗，是以雕塑、铸造、建筑等立体造众来表示诸佛、菩萨的会集的曼荼罗。大曼荼罗、三昧耶曼荼罗和法曼荼罗均是平面的曼荼罗，而羯磨曼荼罗为立体的曼荼罗。

从内容上分，可分为都会曼荼罗（如两部曼荼罗）、部会曼荼罗、别尊曼荼罗。

都会曼荼罗,如两部曼荼罗,分别为代表宇宙的胎藏界曼荼罗和金刚界曼荼罗，前者的运动从一到多，后者则是从多到一。

部会曼荼罗，描绘部分诸尊，如佛部的佛顶曼荼罗，莲华部的十一面观音曼荼罗。

别尊曼荼罗，以皆自大日如来无量差别智印中之一智而现，成为大日如来之眷属，各主一门之德，故又称一门曼荼罗。如弥陀曼荼罗。

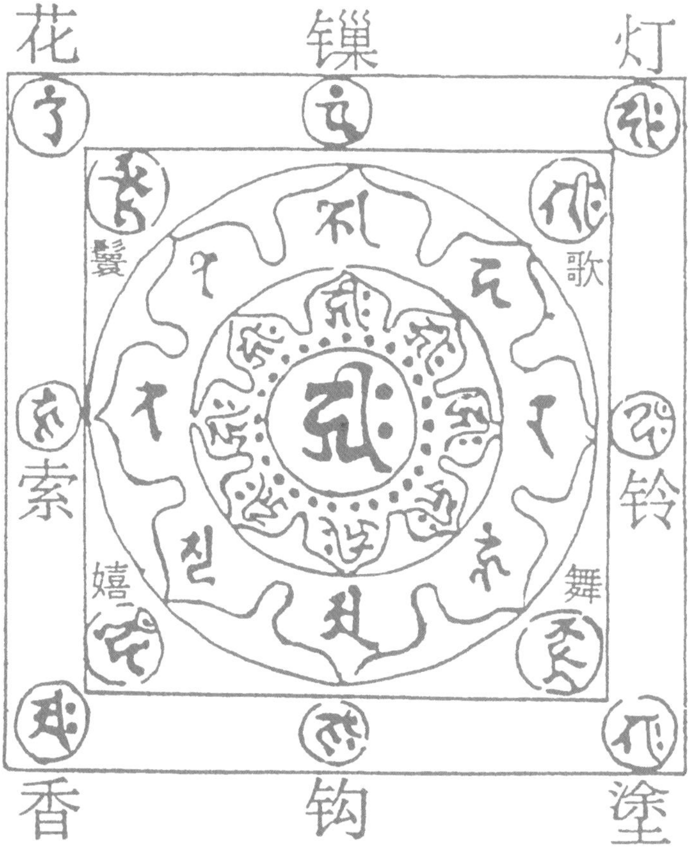

图5-2 弥陀曼荼罗五轮九字图
这是以一尊为中心的弥陀曼荼罗，又称一门曼荼罗（引自邱陵，《密宗入门知识》）。

六、建筑中的佛国图式

藏传佛教的建筑，往往采用曼荼罗来进行规划、布局和设计，使之成为佛国的图式，具有丰富多样的象征内涵，呈现出瑰丽多彩的艺术形象。

藏传佛教在华夏大地上建了许多金刚宝座塔。金刚宝座塔为曼荼罗形式的佛国世界图式之一，其特点是五塔中心对称，以九宫间隔布局为基本形象。这种塔的形式来自印度菩提伽耶的佛祖塔，即在高台座上立五座塔，中间塔最为高大，象征大日如来，四周四座较小，东为阿閦佛，南为宝生佛，西为阿弥陀佛，北为不空成就佛。五塔也象征须弥山五形。我国各地所建金刚宝座塔虽多，但形式多样，无一雷同。前面谈到的昆明官渡金刚塔，上为五座藏式塔。北京西黄寺清净化城塔的主塔为藏式塔，四面为经幢式塔。内蒙古呼和浩特慈灯寺金刚宝座塔上面五塔为汉式楼阁式塔。始建于

图6-1　内蒙古呼和浩特慈灯寺金刚宝座塔上部
该塔上部五塔采用汉式楼阁式塔，主塔为7层，四小塔为5层。梯级上平台处建一汉式小亭。

图6-2 北京真觉寺金刚宝座塔

该塔建于明永乐年间（1403—1424年），竣工于明成化九年（1473年），按印度高僧进奉的规式建造。台座高15.7米，五塔为密檐式，中塔13层，高8米。四小塔高7米，11层。

明永乐年间，建成于明成化九年（1473年）的北京真觉寺金刚宝座塔，五塔均为密檐式，中塔高8米，13层，四塔均高7米，11层。

北京西山碧云寺金刚宝座塔的建筑更为奇特。该塔建于清乾隆十三年（1748年），全部用汉白玉雕砌而成。塔总高34.7米，建于三重台之上，第三重为宝座。三重台共高16米。宝座上前方有两座小藏式塔，后半部立金刚五塔，为汉藏结合的密檐式塔，主塔高18.7米，13层，四小塔11层，塔刹均为小型藏式塔。宝座中央又立一台座，上立一大四小塔，为一小型金刚宝座塔。这样，宝座上共有12座塔，所有的塔的宝盖，均铸有八卦符号。建筑艺术上汉藏风格的交融，汉藏建筑文化的结合，使碧云寺金刚宝座塔达到艺术上的新高度。

在藏传佛教寺院中，西藏的桑耶寺建成于779年，是最古老的寺院之一。它是按佛国世界的图式建造的。

图6-3 北京碧云寺金刚宝座塔/对面页上图
在北京市香山东麓碧云寺内，建于清乾隆十三年（1748年），全部用汉白玉雕砌而成。塔建于三重台上。首层台基高5.4米，二台台基高4.6米，第三层为宝座，高6米，3层台共高16米。

图6-4 碧云寺密檐塔的宝盖仰视/对面页下图
该金刚宝座塔的五座密檐塔的宝盖均以漏空方式铸出八卦符号，两座藏式塔也不例外，体现出汉藏文化的交融。

桑耶寺平面呈圆形，直径336米。高大的外圈围墙，象征着世界外围的铁围山。中央乌策大殿，平面呈十字，象征世界中心的须弥山。其南、北两侧，建日、月二殿。大殿四角建白、青、绿、红四琉璃塔，象征四大天王。周围建十二座殿宇，象征四大部洲和八小部洲。该寺即为“吉祥大日如来护恶趣坛城”。其乌策大殿，“依西藏之法建大殿底层，依支那之法建造中层，依印度之法建造顶层。”因此，乌策大殿3层，第一层按藏式做法石构，第二层以汉式做法砖构，第三层用木造仿印度式，要求一切工程合律藏，一切壁画合经藏，一切雕塑合密咒。其三层象征佛教三界诸天。

乌策大殿的各种形制均有宗教含义。《五部遗教》中《王者遗教》云：“三种屋顶代表身、语、意三密；下殿有三门表示三解脱；上殿有四门表示四无量；中殿有一门表示精华独

图6-5 北京碧云寺金刚宝座塔平面图

该塔平面很别致，宝座后半部有五座一大四小汉藏结合的密檐式塔，前方有两座藏式塔。台座正中，又起一台，台上一大四小塔，又为一小型金刚宝座塔（引自孙雅乐、郝慎钧，《碧云寺建筑艺术》，天津科技出版社，1997年）。

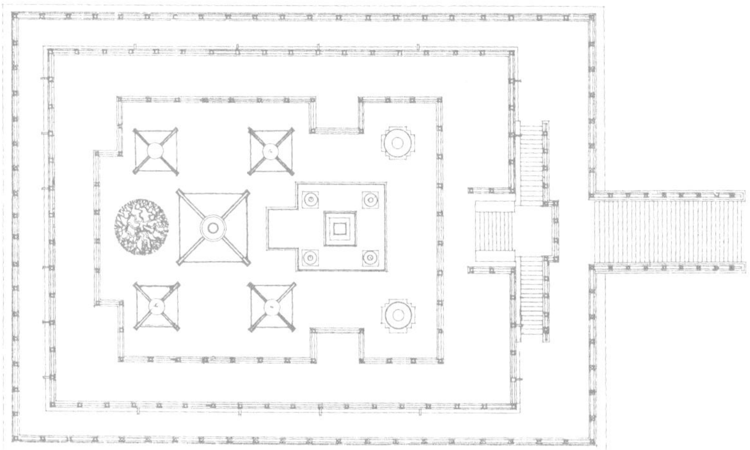

图6-6 北京碧云寺金刚宝座塔正立面图
塔总高34.7米。宝座上除后方一大四小的大塔外，前方两边各立一小藏式塔。中央又起一台，又立一大四小五塔。宝座上共有12座塔。

图6-7 桑耶寺鸟瞰图

桑耶寺，在西藏扎囊县雅鲁藏布江北岸。于779年建成，按佛国世界图式兴建，具有丰富的象征意义（引自《文物》，1995年10月）。

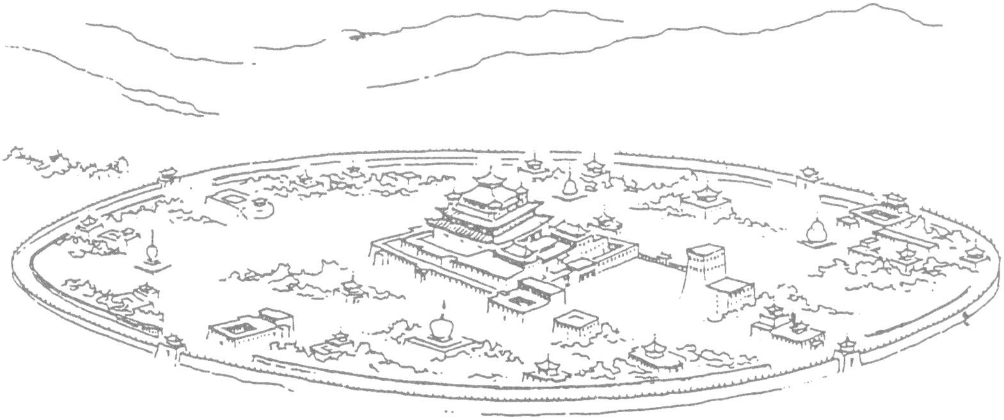

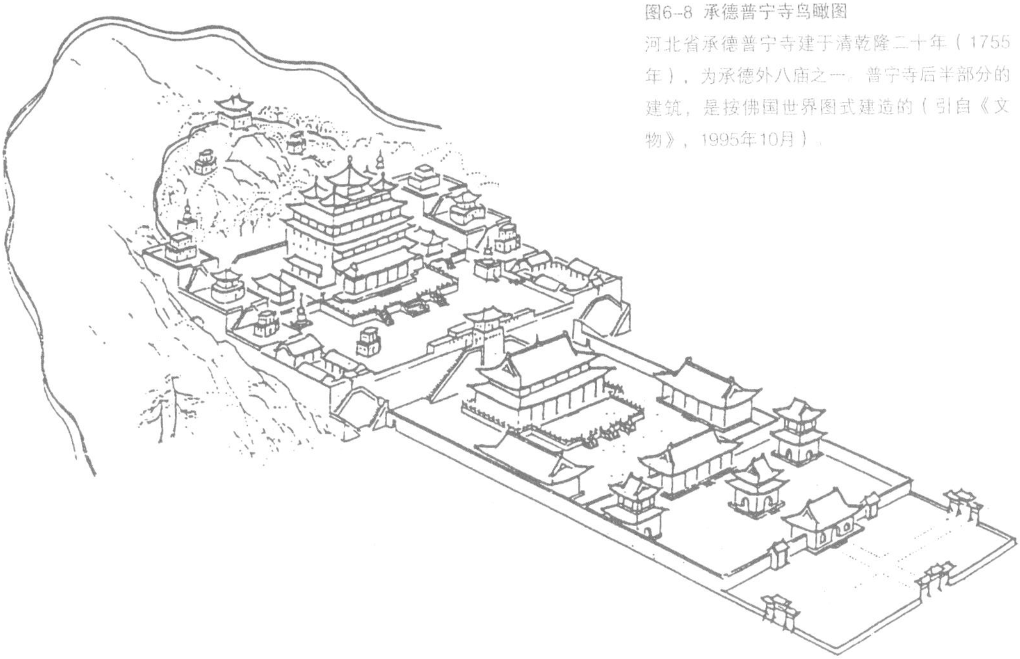

图6-8 承德普宁寺鸟瞰图
河北省承德普宁寺建于清乾隆二十年（1755年），为承德外八庙之一。普宁寺后半部分的建筑，是按佛国世界图式建造的（引自《文物》，1995年10月）。

一；轮廓有二门表示方便与智慧，有九间宝库表示九乘，有六架角梯表示六波罗密。”

承德外八庙之一的普宁寺也是按佛国世界图式建造的。

普宁寺平面布局，前面按伽蓝七堂制汉式布局，后面仿桑耶寺藏式布局。后部中央的大乘阁象征宇宙中央的须弥山，其上五顶为金刚宝座塔形制，象征金刚界五部五佛，须弥山五峰。其左右两侧建日殿、月殿，四周建四殿以象征四大部洲。北俱卢洲殿象征地，方形，质坚，起保护万物的作用。西牛贺洲殿象征水，圆形，质湿，起摄受万物的作用。南赡部洲殿形为三角（平面为梯形），象征火，质暖，起着促进万物成熟的作用。东胜神洲殿象征风，形如半月，质地为动，起长养万物的作用。在四大部洲之间，又有八座重层白台代表八小部洲。大乘阁四隅有四塔，代表佛的四智。后部分建筑周围的红色金刚墙代表铁围山。

这些佛国世界图式，向人们展示着一幅幅神秘而浪漫的极乐图景。

七、白居寺拜塔

白居寺塔建于明朝宣德二年（1427年）至明正统元年（1436年）。白居寺在西藏江孜县江孜镇西北宗山脚下，东南北三面环山，西面临水。白居寺是一座塔寺结合的典型的藏传佛教寺院建筑，寺中藏塔，塔中有寺，寺塔天成，相得益彰。

白居寺塔为吉祥多门塔，其首层建筑直径为62米，塔高13层42.5米。全塔开门108间。白居寺塔是按照佛教哲理和世界图式建造的。塔东面建有通往各层直至塔尖的门殿和石阶，称为入大解脱城门。全塔绘塑诸佛菩萨画像三万余身，有“见闻解脱十万佛塔”之誉。

吉祥多门塔的塔瓶座，象征摧破不信、懒惰、忘性、懈怠和愚疾等随烦恼的信、勤、念、定、慧五力。圆形的白色的塔瓶及飞檐，象征念、择法、精进、喜、轻安、舍、定的定慧平等的七觉支。

塔瓶以上为横斗、十三法轮和宝幢。据《江孜法王传》，横斗由3层莲花座、两重檐墙、飞檐组成。内开四门，外开回廊，分别象征三十七菩提道中的正见、正思维、正勤、正命、正定、正慧、正语、正念的八正道。十三法轮由底部和顶部组成。底部外圆内方，象征如来十力三念住。塔幢也由上下两部分组成。底部状如大悲经咒的二十八瓣莲花，塔顶为宝盖塔刹，分别象征大悲心和四无量。

其横斗四面各有一双巨眼，双眼下有一红

图7-1 西藏江孜白居寺塔鸟瞰
白居寺塔采用吉祥多门塔式，塔中有众多佛殿，108门，有西藏塔王之称。

色问号形符号，是什么含义呢?

一般解释认为："其四面，绘着四双巨眼，称慧眼，象征佛陀目视四方，警示世人。慧眼下为红色问号形的符号，代表佛祖至圣至尊。"

这解释无疑是正确的。进一步探究其文化内涵，则与太阳崇拜文化有关。一般而言，太阳神常常被表现为一头四面，如印度的大梵天、吴哥窟的四面观音像，均如此。尼泊尔的沙拉多拉大塔、斯瓦扬布纳特塔的横斗上均有四双慧眼，无疑，白居寺塔的这种形式，是渊源于尼泊尔的佛塔。这种形式的塔，象征四面佛，也即大日如来。让我们

图7-2 白居寺塔的斗部的四双巨眼与相轮塔刹
塔为佛体的象征，四双慧眼，实为四面佛之像，也即大日如来之像（引自《中国古建筑大系·佛教建筑》，中国建筑工业出版社）。

看看这四双慧眼的含义。据《世界文化象征辞典》解释："能看到一切的神眼，用来比喻太阳：那是世界之眼，指火神阿耆尼的眼，也指佛陀的眼。世界之眼也是圆穹顶上的门，即太阳门，拥抱宇宙的神圣月光，也是通向宇宙出口的必经之路。"

八、别具风采的脊饰

图8-1 西藏拉萨大昭寺松赞干布殿金顶/上图

金顶是藏传佛教建筑装饰艺术重要特色之一。大昭寺有歇山式镏金殿顶五座，金碧辉煌，为建筑增添异彩

图8-2 西藏拉萨大昭寺康松司轮（威镇三界阁）/下图

该建筑为2层楼阁，屋顶镏金，脊刹为一镏金小型窣堵坡式的宝瓶，两边各一命命鸟拉着由宝瓶顶垂下的金属链，脊两端为飞龙

图8-3 承德须弥福寿之庙妙高庄严殿
建于清乾隆四十五年（1780年）。殿在大红台的中央，平面正方形，重檐攒尖顶，满铺镏金铜瓦，四条屋脊上，各有两条金龙，栩栩如生。在绿荫中，金色的屋顶十分引人注目。

藏传佛教建筑的脊饰有如下特色：

1. 重要殿宇屋顶常用金顶和镏金物件为饰，金碧辉煌

比如布达拉宫就有若干金顶殿宇。另外，拉萨大昭寺就有歇山式镏金殿顶五座，松赞干布殿、释迦牟尼殿等都是金顶。大昭寺康松司轮（威镇三界阁）是2层楼阁，屋顶镏金，脊饰也全是镏金铜制，有宝瓶、命命鸟、飞龙等。承德须弥福寿之庙的妙高庄严殿，为重檐攒尖金顶，八条金龙在垂脊上飞腾，十分壮

图8-4 河北承德须弥福寿之庙妙高庄严殿金顶/上图

该殿为汉式重檐攒尖顶，盖以镏金鱼鳞形铜瓦，四条垂脊上共有八条金龙，呈上下飞腾状，在阳光下，金光闪闪。

图8-5 西藏拉萨大昭寺屋顶上的镏金法轮卧鹿/下图

在藏传佛教寺院中常可看到屋顶上的法轮卧鹿装饰，它象征着佛教昌盛，法轮常转。

图8-6 西藏拉萨大昭寺屋顶上的镏金法幢/上图

藏传佛教寺院屋顶上常有法幢。它象征佛胜外道而取得胜利。

图8-7 拉萨大昭寺威镇三界阁脊饰/下图

屋顶装饰中，左为拉着链条的命命鸟，右端为飞龙，龙后为小型窣堵坡式宝瓶。命命鸟上部呈人形，神态庄重。飞龙鼻子长而卷，为摩羯鱼形象。

图8-8 拉萨大昭寺释迦牟尼殿下檐博脊上的嫔伽

嫔伽（或叫命命鸟）常在脊饰中见到。该嫔伽手持幢幡，面带微笑。嫔伽（命命鸟）或为天龙八部之一的金翅鸟（迦楼罗）的化身，它是佛教的护法神。

观。藏传佛教建筑的主要殿宇顶上，常用鎏金饰物，使建筑更添异彩。

2. 脊饰常用法轮卧鹿、大鹏金翅鸟、摩羯、龙以及伞盖、吉祥结、双鱼、莲花、幢、海螺、法轮、宝瓶等吉祥八宝图案。这些图形、象征日、月、星辰围绕须弥山转动，光辉灿烂

法轮卧鹿是常用的脊饰之一。它象征着佛教昌盛，法轮常转。

金幢也是常用的脊饰。它又名胜幢，有各种形式。原为古代战争时用物，战胜后，抬着它回来，作为胜利的象征。它也称为经幢，里面满用经书缠裹，外面包以鎏金铜皮。它象征佛胜外道而取得胜利。

在脊饰中，常可以看到人面鸟身的灵禽或称为命命鸟，或称为嫔伽。她应是大鹏金翅鸟的化身。迦楼罗（金翅鸟）为天龙八部之一，在佛祖头顶，守卫着佛祖，是佛教的护法神。

图8-9 河北承德须弥福寿之庙妙高庄严殿脊金龙（上图）
该龙前方有一珠，金龙腾飞，奔珠而来，神态生动，令人叫绝。

图8-10 河北承德普陀宗乘之庙万法归一殿金顶脊饰（下图）
该殿为重檐四角攒尖顶，金顶上冠以一个鎏金的钟形小型窣堵坡，金光耀眼。

图8-11　北京雍和宫法轮殿顶脊饰（前页）
以小型窣堵坡为脊饰，是藏传佛教建筑重要特色之一。法轮殿顶小窣堵坡瓶身为蓝色琉璃，其余部分镏金，颇有特色。

在以龙为脊饰的建筑中，龙的形象最生动威猛的要数承德须弥福寿之庙妙高庄严殿的龙饰，龙形飞腾，疾奔护珠，神态生动，令人叫绝。

3. 以小型窣堵坡为脊饰

4. 以摩羯鱼为脊饰

摩羯鱼来自印度的神话，随佛教以及其他文化交流途径传入中土。在藏传佛教中，它与中国的龙相结合，产生长鼻子的龙式摩羯鱼。

以上几种做法都是藏传佛教建筑所特有的。

图8-12　河北承德普东寺天王殿正脊摩羯鱼吻（上图）
印度神话中的摩羯鱼传入中土，与中国传统的龙吻相结合，产生龙式摩羯鱼吻。这是藏传佛教建筑脊饰的特色之一。

图8-13　内蒙古呼和浩特席力图召大经堂（下图）
建于清代（1644—1911年）殿顶饰铜铸镏金宝瓶、法轮、卧鹿，与朱门彩绘相映，特色明显。

九、雕塑艺术

a

b

图9-1 内蒙古呼和浩特慈灯寺金刚宝座塔塔门两侧雕刻

塔门两侧雕刻四大天王像，四大天王各以琵琶、宝剑、青蛇和宝伞为法器，雕刻精细，表现出四天王无畏无敌的气概

藏传佛教建筑的雕塑艺术是多姿多彩的。以砖石雕刻艺术而论，北京碧云寺金刚宝座塔、北京真觉寺金刚宝座塔、北京西黄寺清净化城塔、呼和浩特慈灯寺金刚宝座塔、席力图召双耳塔的石雕艺术都很精湛。

呼和浩特慈灯寺金刚宝座塔的砖石雕刻艺术十分精湛。下座须弥座的束腰上砖雕有狮、象、法轮、金翅鸟和金刚杵等图案。金刚座南面正中开一券门，门两旁石刻四大天王像，神态生动，表现出无畏无敌的气概。

北京西黄寺清净化城塔以白石雕砌而成，主塔须弥座呈八角形，八角各雕一个托塔力士，束腰雕刻佛教故事，神态生动。

图9-2 北京西黄寺清净化城塔塔座雕刻
该塔雕刻精丽，塔座砖角处为跪地托塔的力士，上下雕刻宝相花，中间雕刻山水人物佛教故事等。

北京雍和宫大殿前立着一尊须弥山天宫城郭铸品，引人注目。须弥山原是印度教神话中的圣山，佛教亦用之。相传山高八万四千寻，山顶上为帝释天，四面山腰为四天王天，周围有七香海、七金山，第七金山外有铁围山所围绕的咸海，咸海四周有四大部洲。该须弥山由青铜铸造，形象地表达了佛教对世界的看法。

甘肃夏河拉卜楞寺贡唐宝塔塔瓶上有八大菩萨镏金立像，菩萨面带笑容，神态生动自然。

藏传佛教的菩萨塑像也别具一格，不但形象十分生动、独特、富有个性，而且有许

图9-3 北京雍和宫大殿前青铜铸须弥山

该须弥山为明朝万历年间掌印太监冯保所供奉，已有400多年历史。须弥山是印度教神话中的山名，佛教用之。山顶上为帝释天，四面山腰为四天王。该铜铸件表达了佛教的思想，形象生动。

多象征意义。以内蒙古土默特右旗美岱召八角庙殿中的怖畏金刚像举例说明。怖畏金刚是黄教密宗三大本尊之一，有9头34臂。按佛经记载，怖畏金刚是释迦牟尼在须弥山的再现。他的9个头，代表9类佛法；9个头上又有三眼，这代表洞察之时的慧眼，是无所不见的；头发上指，是向着佛地的意思。34臂，表示菩萨成佛除了身、口、意念外，还有34条修持法；左右34只手各持不同的物件，每一件都具有深刻的象征寓意。他还有16条腿，镇压阎王十六面铁城，代表16种空性；脚踏八大王，表示超出了世俗法则。它身佩50颗鲜人头，梵文的34个子音和16个母音的全数，即一切密咒的基音都有

图9-4 甘肃夏河拉卜楞寺贡唐宝塔塔瓶上镏金菩萨立像（左图）
贡唐宝塔毁于“文化大革命”，1991年重建，按旧貌复原。塔瓶周围有八大菩萨镏金立像，菩萨面带笑容，神态自然生动。

图9-5 内蒙古土默特右旗美岱召八角庙殿中的怖畏金刚像（右图）
据佛经记载，怖畏金刚像是释迦牟尼在须弥山的再现，有9头34臂，9头34臂等均有象征意义。

了；遍体披戴的人骨珠串，象征一切善的功德都全了；佩戴人骨骷髅，一方面象征世事无常，另一方面象征战胜恶魔和死亡。他怀中还拥有明妃“若朗玛”，蓝身，头佩五头骨、三睛、头发下垂，表示女人顺从之意。若朗玛左手持月刀，是为了割断有情；右手持盛血的人骨碗，意呈现乐空；右腿伸，是去镇压一切女明王；左腿弯，象征得到了快乐。怖畏金刚和若朗玛皆为裸体，表示远离尘埃世界；男女拥抱，是阴阳有合，乐空二法合一之意。怖畏金刚座下的莲花，代表已出轮回；莲花上的红日，象征心犹如太阳当空，遍知一切；背景是火焰，象征智慧和能量像火一般的旺盛，能烧掉一切烦恼和愚妄。从怖畏金刚像的造型和象征意义可以看出藏传佛教造像艺术的独特杰出，寓意之丰富博大。

图9-6 甘肃夏河拉卜楞寺贡唐宝塔内唐卡

该唐卡悬挂在首塔殿内。唐卡上画着万佛群集，中央为黄教创始人宗喀巴。

十、神奇绚丽的室内装饰

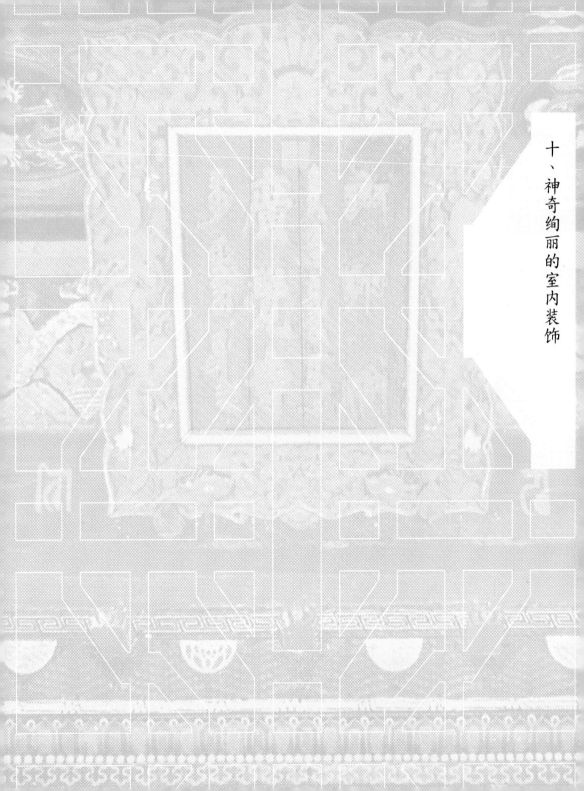

藏传佛教常用唐卡、旗幡、彩画、壁画作为室内建筑装饰的手段，取得光彩照人的艺术效果。

内蒙古包头五当召洞阔尔独宫的前檐的门、柱、天花彩画装饰，就很有藏式建筑特色。一是色彩明艳，门、柱以红为主，兼施黄、蓝等颜色，显得神奇绚丽。另外，柱子断面呈“亞”字形，柱头、雀替、额枋造型、用色均十分独特，特色鲜明。天花以红、黄色为主，兼施蓝绿等色。图案有莲花、佛八宝，也有双龙戏珠，有汉藏相融合的特色。

甘肃夏河拉卜楞寺贡唐宝塔的塔门也很有装饰艺术特色。大门朱红色，铜五金镏金，显得富丽堂皇。门框的上框为一兽头，两侧框各门双龙戏珠为饰。门框的上方的装饰也很有特色。带状装饰的题材有法轮、火

图10-1 内蒙古包头五当召洞阔尔独宫前檐的门、柱、天花装饰

五当召在包头市固阳境内，“五当”为蒙语柳树之意，因该寺在五当沟内，故名。洞阔尔独宫又称时轮时数学院。宫门上悬汉、满、蒙、藏四种文字写的“广觉寺”匾额，为乾隆钦赐。其门、柱、雀替、额枋、椽、天花均有藏式建筑特色，色彩明艳。天花画莲花内含八宝吉祥图案和双龙戏珠图案，是汉藏形式的融合。

图10-2 夏河拉卜楞寺贡唐宝塔塔殿门
该门及门框、门楣，装饰富丽，色彩明艳，金碧辉煌。

图10-3 夏河拉卜楞寺贡唐宝塔塔殿门上部装饰
该装饰具有藏传佛教特色。在五彩斑斓的门框上方有九个兽头，两端各一象头，中间有七个狮头。

焰、莲花等，最上方为九个兽头，两端为象头，中间七个狮子头。

可以用八个字概括藏传佛教建筑室内装饰艺术的特色：神奇绚丽，琳琅满目。

藏传佛教建筑是佛教建筑中的一朵奇葩，西藏拉萨布达拉宫是藏传佛教建筑艺术的杰出代表。它的建筑艺术成就令世界各国人民叹为观止。藏传佛教建筑艺术扎根于西藏文化的沃土中，扎根于中华文化的沃土中，所以才能开出如此绚丽的花朵，结出如此丰硕的果实。藏传佛教建筑艺术是佛国之奇珍，中华之瑰宝！

大事年表

朝代	年号	公元纪年	大事记
汉	西汉元寿元年	前2年	大月氏来华使者伊存向博士弟子景卢口授《浮屠经》，佛教渐传入中国
唐	贞观十五年	641年	唐太宗应吐蕃松赞干布之请，选文成公主与之联姻。文成公主带入佛经、佛像等。尼泊尔赤尊公主也约于此时入藏与松赞干布成婚，把尼泊尔佛像带入西藏
	贞观二十二年	648年	西藏大昭寺落成（一说653年）
	开元八年	720年	南天竺僧金刚智到长安，于慈恩寺译经并弘传密法
	开元十二年	724年	善无畏在洛阳译经
	开元二十三年	735年	善无畏卒。生前曾译《大日经》、《苏悉地羯罗经》等，传密教胎藏界曼荼罗
	开元二十九年	741年	金刚智卒。生前译有《金刚顶经等密宗经》籍5部，传密教金刚界曼荼罗
	广德元年	763年	古印度僧人寂护人藏弘法，剃度七人为僧
	广德二年	764年	莲花生入藏弘法
	大历十四年	779年	西藏桑耶寺建成

朝代	年号	公元纪年	大事记
唐		838—842年	西藏朗达磨灭佛
宋		11世纪初	阿底峡大师（983—1055年）入藏弘法，除建寺修塔外，还大量翻译经典，对藏传佛教做出重大贡献
		11世纪	玛尔巴大师（1012—1097年）15岁投于罗克弥门下，并到印度留学，又到尼泊尔学法三年。后又三赴印度，再赴尼泊尔访求名师，回西藏缔造了噶举学派
			11世纪以后，藏传佛教出现了二三十种教派和教派支系，其中主要的是宁玛、萨迦、噶举、噶当等
元	中统元年	1260年	尼泊尔匠师阿尼哥第一次到中国西藏，修建了黄金塔。尼泊尔佛塔的样式对藏传佛教塔的形式产生了直接影响
	至元八年 至元十六年	1271— 1279年	阿尼哥按尼泊尔佛塔式样修了北京妙应寺白塔
	大德五年	1301年	阿尼哥建五台山塔院寺释迦牟尼文佛舍利塔
	至正三年	1343年	武昌胜像宝塔建成

朝代	年号	公元纪年	大事记
元	至正十二年	1352年	布顿大师（1290—1364年）著《大菩提塔样尺寸》（藏文），总结了建藏式塔经验，定出量度法
明	永乐七年	1409年	甘丹寺建立，标志着由宗喀巴大师（1357—1419年）创立的格鲁派正式形成。格鲁派又称为“黄教”
	永乐十四年	1416年	哲蚌寺初建
	永乐十七年	1419年	色拉寺创建。宗喀巴大师于10月23日圆寂
	正统元年	1436年	西藏江孜白居寺吉祥多门塔建成。它始建了宣德二年（1427年），历时近十年建成
	天顺二年	1458年	云南昆明官渡金刚塔建成
	成化九年	1473年	北京真觉寺金刚宝座塔竣工。它始建于明永乐年间（1403—1424年），经数十年才建成
	嘉靖三十九年	1560年	青海西宁塔尔寺始建
	万历三年	1575年	内蒙古美岱召始建
	万历七年	1579年	呼和浩特大召始建
清	顺治八年	1651年	北京北海白塔建成

朝代	年号	公元纪年	大事记
清	康熙十三年	1674年	雍亲王府（即后雍和宫前身）建成
	康熙四十八年	1709年	拉卜楞寺初建
	康熙年间	1662—1723年	内蒙古包头五当召始建桑杰嘉措（1653—1705年）写出《亚色》等营造塔的法式，形成黄教派的量度标准
	雍正年间	1723—1735年	内蒙古呼和浩特慈灯寺金刚宝座塔建成
	乾隆十三年	1748年	北京香山碧云寺金刚宝座塔建成
	乾隆年间	1736—1795年	江苏扬州莲性白塔建成
	乾隆二十年	1755年	河北承德外八庙之一的普宁寺建成
	乾隆三十一年—三十二年	1766—1767年	承德外八庙之普乐寺建成
	乾隆三十二—三十六年	1767—1771年	承德外八庙之普陀宗乘之庙建成
	乾隆四十三年	1778年	承德外八庙之须弥福寿之庙建成
	乾隆四十七年	1782年	北京西黄寺清净化城塔建成
中华民国	22年	1933年	西藏布达拉宫内十三世达赖灵塔建成

图书在版编目（CIP）数据

藏传佛塔与寺庙建筑装饰 / 吴庆洲撰文 / 摄影. —北京：中国建筑工业出版社，2013.10
（中国精致建筑100）
ISBN 978-7-112-15751-8

Ⅰ.①藏… Ⅱ.①吴… Ⅲ.①喇嘛宗－佛塔－建筑装饰－图集 ②喇嘛宗－寺庙－建筑装饰－图集 Ⅳ.①TU-098.3

中国版本图书馆CIP 数据核字（2013）第197082号

责任编辑：董苏华 张惠珍 孙立波
技术编辑：李建云 赵子宽
图片编辑：张振光
美术编辑：赵 清 康 羽
书籍设计：瀚清堂·赵 清 周伟伟 康 羽
责任校对：张慧丽 陈晶晶 关 健
图文统筹：廖晓明 孙 梅 骆毓华
责任印制：郭希增 臧红心
材料统筹：方承艺

中国精致建筑100
藏传佛塔与寺庙建筑装饰
吴庆洲 撰文/摄影

中国建筑工业出版社出版、发行（北京西郊百万庄）
各地新华书店、建筑书店经销
南京瀚清堂设计有限公司制版
北京顺诚彩色印刷有限公司印刷

开本：889×710 毫米 1/32 印张：3 插页：1 字数：125 千字
2015年9月第一版 2015年9月第一次印刷
定价：**48.00**元
ISBN 978-7-112-15751-8
（24322）